BAKING &
CONFECTIONERY
INGREDIENTS SCIENCE

2판 제과·제빵
재료학

BAKING &
CONFECTIONERY
INGREDIENTS SCIENCE

2판 제과·제빵
재료학

신길만·안종섭·신솔 지음

교문사

PREFACE

오늘날 경제 성장과 소득 수준의 증대로 식생활문화가 변화·발전되고 새로운 음식문화의 형성으로 식재료에 대한 관심이 모이면서 신선하고 기능성이 있는 재료에 대한 인식이 높아지고 있다. 빵·과자는 여러 가지 재료들을 혼합·장식·발효하여 우리에게 맛과 건강을 주는 음식으로 자리 잡았다. 따라서 제과·제빵 재료에 대한 새로운 인식과 지식의 습득이 필요하다고 생각된다. 신선한 각 재료들의 특성과 가공 방법을 잘 이해하고 파악하는 것은 빵·과자 만들기의 기술 향상과 연결된 일일 것이다.

본 서적은 제과·제빵 기술자를 꿈꾸는 학생이나 실무 현장에서 빵·과자 제조에 노력하는 기술자들이 정확한 재료의 이해와 적절한 가공·취급 방법을 파악했으면 하는 마음으로 집필한 것이다. 제과·제빵, 식품가공에 필요한 여러 가지 재료들의 성분, 특성, 물리적인 변화 등에 중점을 두고 그에 맞는 체계적인 이론과 과학적인 생각을 적고자 노력하였다. 그리하여 제과·제빵에 사용되는 각종 재료에 대한 기초적인 이해부터 응용에 이르기까지 주재료가 되는 것과 부재료가 되는 것을 폭넓게 기술하였다.

자세한 내용을 살펴보면 제과·제빵의 재료인 곡류, 두류, 서류를 시작으로 밀가루, 설탕류, 유지류, 달걀, 우유와 유제품, 물, 소금, 이스트, 이스트푸드, 초콜릿, 양주, 응고제, 팽창제, 몰트시럽, 식품첨가물, 견과류, 과일과 가공품, 허브와 스파이스, 기호식품에 이르기까지 체계적으로 이해할 수 있게 정리하였다.

책 출판에 도움을 주신 김포대학교 전홍건 이사장님, 정형진 총장님, 여러 교수님과 직원 여러분들께 진심으로 감사드린다. 끝으로 원고를 출판해주신 교문사 류원식 대표님과 송기윤 부장님, 이정화 대리님과 직원 여러분께 감사를 드린다.

2020년 9월
저자 일동

CONTENTS

FOOD AND
FOOD STUFFS

식품과
식품재료

식품에 대한 이해

1. 식품의 정의

식품food이란 인간이 식용할 수 있는 것으로 인체에 해롭지 않으며 세포에 흡수·이용될 수 있는 모든 고체·액체·기체 상태의 물질이다. 음식의 재료가 되는 식용물·식용품이며 화학적인 물질로 구성되어, 영양소nutrient를 하나 이상 함유하고 있는 천연물·가공품이기도 하다. 식품은 생명 유지를 위해 필요한 유기물(수분, 회분, 유기질, 탄수화물, 지방, 단백질, 무기질, 비타민)의 총칭이며, 식료 또는 식량이라고도 부른다.

1) 식품의 기본 요소

식품이 갖추어야 할 기본 요소는 영양성, 기호성, 안전성, 경제성의 4가지이다.

2) 식품의 품질과 저장성

식품의 품질과 저장성을 좋게 하기 위해서는 식품재료, 가공 방법, 저장 조건 등을 개선하고 가공·저장 기술의 발달을 위해 노력해야 한다.

2. 식품재료의 분류

1) 구성 성분에 따른 분류

식물성 식품은 탄수화물, 동물성 식품은 지방과 단백질을 공급하는 재료이다. 식품 구성 성분에 따른 분류는 탄수화물, 유지, 단백질, 비타민의 4가지이다.

① 탄수화물 식품   곡류, 서류, 두류, 설탕, 엿류가 있다.
② 유지 식품   식물성 유지, 동물성 유지, 버터, 마가린, 쇼트닝, 식용유가 있다.
③ 단백질 식품   육류, 난류, 우유류, 어패류, 대두, 땅콩, 아몬드가 있다.
④ 비타민 식품   작은 생선류, 해조류, 식염, 우유, 치즈가 있다.

식품재료학 ─────────────────────────────────●
식품재료학은 식생활에 이용되는 식품재료의 유래, 형태, 특징, 화학적 성분 조성, 품질 규격, 이용 방법 등을 종합 연구하여 일상생활은 물론 식품조리, 가공, 저장, 유통 등을 합리화하고 체계화하려는 학문이다.

2) 산지·자원에 따른 분류

식품재료는 약 300여 종으로 크게 농산식품, 축산식품, 수산식품, 임산식품, 기타 가공 식품의 5가지로 분류된다. 식물성 식품에는 농산·임산 식품, 동물성 식품에는 축산·수산 식품, 광물성 식품에는 식염과 같은 무기염류가 해당된다. 그 밖에 식품재료는 자원에 따라 식물성 식품, 동물성 식품, 광물성 식품의 3가지로 분류된다.

3) 식품군에 의한 분류

식품재료는 식품군에 따라 크게 3군과 6군으로 분류된다.

(1) 3군 분류법

식품 전체를 열량소, 구성소, 조절소의 3군으로 나누고 그 색깔에 따라 또다시 분류하는 것이다. 3군 분류는 크게 열량소, 구성소, 조절소의 3가지로 나누어진다.

① 열량소   황색 식품(곡류, 두류, 서류, 유지류 등 활동에 필요한 열량 식품)

② 구성소　적색 식품(육류, 어패류, 두류, 우유류, 난류 등 몸의 조직을 구성하는 식품)

③ 조절소　녹색 식품(녹색채소, 과일, 해조류 등 생리조절식품)

(2) 6군 분류법

6군 분류법은 식품의 3군 분류법을 개선한 것으로, 영양 소요량이 충족되도록 식품의 배합을 고려하면서 녹색 식품의 섭취를 권장하는 합리적인 분류 방법으로 식품을 녹황색 채소, 담색 채소, 단백질(육류·어류·두류·난류), 비타민(버터, 간유, 표고버섯), 칼슘과 비타민 B군(작은 생선, 우유, 해조류), 열량소(곡류, 과일, 서류, 설탕)로 나누는 것이다.

① 녹황색 채소　카로틴, 비타민 C, 칼슘, 철
② 담색 채소　비타민 E
③ 육류, 어류, 두류, 난류　단백질
④ 버터, 간유, 표고버섯　비타민 A·D
⑤ 작은 생선, 우유, 해조류　칼슘, 비타민 B군
⑥ 곡류, 과일, 서류, 설탕　열량소

표 1-1 5가지 기초 식품군

	군별	식품류	주요 영양소	식품명
1	단백질군	고기	단백질, 철, 비타민 B$_{12}$, 아연, 비타민 B$_1$, 니아신	쇠고기, 돼지고기, 닭고기, 토끼고기
		생선		생선, 조개, 굴
		달걀		계란
		콩류		두부, 콩, 땅콩, 된장, 두유
		육가공		햄, 베이컨, 소시지, 치즈, 어묵
2	칼슘군	우유 및 유제품	칼슘, 단백질, 비타민 B$_2$, 비타민 B$_{12}$, 비타민 A	우유, 분유, 아이스크림, 요구르트
		뼈째 먹는 생선		멸치, 뱅어포, 잔새우, 사골
3	무기질 및 비타민군	채소 (녹황색 채소, 담색 채소) 및 과일류	무기질 및 비타민	시금치, 당근, 쑥갓, 상추, 풋고추, 부추, 깻잎, 토마토, 배추, 무, 양파, 파, 오이, 양배추, 콩나물, 숙주, 사과, 귤, 감, 딸기, 포도, 배, 참외, 수박, 과일 주스, 과일 통조림, 미역, 다시마, 파래, 김, 톳

(계속)

군별		식품류	주요 영양소	식품명
4	탄수화물군	곡류 (잡곡 포함)	당질, 단백질, 아연, 비타민 B$_1$	쌀, 보기, 콩, 옥수수, 밀, 밤, 밀가루, 미숫가루, 국수류, 떡류, 빵류
		감자류		감자, 고구마, 토란
		당류		과자류, 캔디, 초콜릿, 설탕, 꿀
5	지방군	유지	지방, 지용성 비타민	참기름, 콩기름, 옥수수기름, 채종유, 쇠기름, 돼지기름, 면실유, 들기름, 쇼트닝, 버터, 마가린
		견과		깨, 잣, 호두
		당류		

표 1-2 생활에 따른 식품재료의 분류

식품군			종류	
Ⅰ. 농산식품	1	곡류	쌀, 보리, 밀, 기타 맥류 및 잡곡, 빵류, 면류	
	2	두류	대두 및 그 제품, 팥, 기타 두류	
	3	서류	고구마, 감자, 토란, 기타	
	4	채소류	엽채류	배추, 양배추, 상추, 셀러리, 시금치
			근채류	무, 순무, 당근, 우엉, 생강, 연근, 토란
			인경채류	양파, 파, 마늘, 참나리
			경채류	죽순, 아스파라거스
			과채류	토마토, 가지, 오이, 피망, 수박, 참외, 월과
			화채류	꽃배추, 브로콜리, 양파
	5	과일류	인과류	배, 사과, 감, 밀감, 비파
			핵과류	매실, 복숭아, 자두, 대추, 앵두
			장과류	포도, 파인애플, 무화과, 바나나, 딸기
			견과류	밤, 은행, 호두
Ⅱ. 축산식품	1	육류	쇠고기, 돼지고기, 양고기, 닭고기, 고래고기	
	2	유제품	우유, 산양유, 분유, 버터, 치즈, 요구르트	
	3	알류	달걀, 오리알, 메추리알	
	4	벌꿀	벌꿀, 로열젤리	
Ⅲ. 수산식품	1	어류	가물치, 고등어, 꽁치, 조기, 갈치 기타 어류	
	2	패류	게, 굴, 조개, 전복, 기타 패류	
	3	해조류	미역, 김, 다시마, 톳	
Ⅳ. 임산식품	1	버섯류	송이, 표고버섯, 느타리버섯	
	2	산채류	고사리, 고비, 참나물, 취나물	
Ⅴ. 기타			식용유지, 기호식품, 조미료, 인스턴트식품, 양조식품, 식품첨가물	

3. 식품재료의 성분

식품재료의 구성성분은 크게 일반 성분과 특수 성분의 2가지로 나누어진다.

1) 식품재료의 일반 성분

일반 성분으로는 수분, 탄수화물, 지방, 단백질, 무기질, 비타민 등 6가지가 있다.

(1) 수분

수분은 식품의 물리·화학적 성질, 조리·가공·저장 시 성분 변화에 중요한 영향을 미친다. 식품의 신선도 및 보존성, 구조와 형태, 맛 등에도 큰 영향을 준다. 수분은 식품 속에서 탄수화물, 지방 단백질 등의 유기물과 결합하여 일부분을 형성한다. 염류, 당류, 수용성 단백질 등의 용매로도 작용한다. 생명 유지에 필수적인 요소로 생명체 내에서 생화학 반응, 물질 운반, 삼투현상 등의 생리적 기능에 관여한다.

(2) 탄수화물

탄수화물은 에너지를 공급하는 열량 영양소이다. 설탕, 포도당, 과당 등은 감미료로 사용되어 식욕 촉진과 영양 공급에 기여한다. 포도당은 뇌, 신경조직, 폐조직의 에너지원으로 이용되며, 간의 작용으로 0.1%의 혈당량을 일정하게 유지할 수 있다.

(3) 지방

지방은 글리세린glycerin과 지방산의 에스테르ester인 글리세리드glyceride 형태로 존재하며 그 외 유리지방산, 납, 인지질, 스테롤sterol, 정유 등도 이에 속한다. 지방은 체내에서 열량을 공급해주는 중요한 열량 영양소이다. 필수지방산과 지용성 비타민을 공급하고 비타민 B_1의 절약작용도 한다. 또한 주요 장기를 보호하고 체온을 조절해준다. 식품에 향미를 더해주고 식감을 증진시키며, 소화가 오래 걸려 긴 시간 동안 만복감을 지니게 해준다.

(4) 단백질

단백질은 생물체의 생명 유지와 성장, 생리 기능에 가장 중요한 영양소이다. 성장에 필요한 구성물질로, 신체를 구성하고 조직을 보수하는 단백질 특유의 기능을 한다.

효소, 호르몬 및 항체와 같이 체내의 생리 기능, 면역체계에 필요한 물질의 구성성분이다. 삼투압 유지를 통해 수분 균형을 조절하고, 양성 전해질로서 중성을 유지해주는 역할도 한다.

(5) 무기질

무기질은 약 100여 종의 금속 또는 비금속으로 되어있는데 식품 및 인체의 구성성분이자 중요한 생리작용을 나타내는 무기질은 약 20여 종에 불과하다. 무기질은 생체의 중요한 골격과 치아, 근육, 혈액, 장기, 피부, 신경 등과 같은 연조직 및 호르몬이나 효소를 구성하는 구성성분이다. 신경 자극에 대한 감수성 유지, 근육의 수축성 조절, 심장 박동의 정상 유지, 산·알칼리도의 평형, 수분 균형의 유지, 체액의 삼투압 유지 등 여러 생리 기능에도 관여한다. 생리작용에 관여하는 효소를 활성화는 데 작용하며 효소의 반응을 촉매하는 역할을 하기도 한다.

무기질 중에서 알칼리 식품으로는 Ca, Mg, Na, K의 원소를 많이 함유하는 채소류, 과일류, 해조류, 감자류가 있다. 산성 식품으로는 P, Cl, S 등의 원소를 함유하는 곡류, 육류, 어류, 달걀, 두류 및 일부 견과류 등이 있다.

(6) 비타민

비타민은 생물체 내에서 에너지를 공급하며 동물의 생명 유지에 필수 불가결한 영양소이다. 비타민 A·D·E·K·F의 지용성 비타민과 비타민 B_1·B_2·B_6·B_{12}·니아신niacin, 엽산folic acid, 비타민 C·P·L 등의 수용성 비타민이 있다. 비타민은 성장을 촉진하고 신경의 안정성을 유지하며 조효소로 체내의 대사 작용을 조절한다. 질병에 대한 저항성, 생체 대사, 생리 기능을 조절하기도 한다.

2) 식품재료의 특수 성분

식품재료의 특수 성분으로는 색, 맛, 냄새, 효소, 유독 성분 등이 있다. 이들은 주로 식품에 기호적 가치를 부여한다.

(1) 식품의 색

식품은 각기 특유의 색을 가진다. 식품 색소는 크게 자연색소와 식품첨가물인 인공색소로 나누어진다. 색 성분에는 영양적인 가치가 없으나 식욕을 돋우고 식품의 신선도, 품질을 평가하는 요인이 된다. 또 식품의 향기, 맛, 기호성 등에 영향을 미친다. 식품의 색소는 자연색소와 식품첨가물인 인공색소로 분류된다.

(2) 식품의 맛

식품의 맛은 주로 미각에 의해 느껴지며 그 외 촉각, 통각, 온각 등이 혼합되어 나타난다. 이들 감각을 통틀어 영양 감각이라고 한다.

맛은 크게 단맛, 짠맛, 신맛, 쓴맛의 4가지로 분류된다. 이외에도 혼합맛 또는 보조맛으로 일컬어지는 매운맛, 만난맛, 떫은맛, 금속맛, 알칼리맛, 아린맛 등의 8가지가 있다.

(3) 식품의 냄새

식품의 냄새 중에서 쾌감을 주는 냄새는 향(香)odour이라고 하며, 불쾌감을 주는 냄새는 취(臭)stink라고 한다. 풍미flavour란 식품의 냄새와 맛이 혼합된 종합적인 감각을 말하는데, 여기에는 넓은 의미에서 질감texture도 포함된다.

(4) 효소

효소는 생활 세포에서 생산되어 극미량으로도 생명체의 화학 반응을 촉진·지연시키는 일종의 생체 촉매물질이다. 효소는 신선한 식품에 작용하여 식품의 성분을 변화시킨다. 즉, 식품의 성분 변화에 중요한 역할을 한다.

SECTION 02

식품재료의 특성과 이화학적 반응

식품의 성분은 온도·수분·공기·광선 등 외부의 영향, 식품의 효소나 오염된 미생물의 작용을 받아 변화가 촉진된다. 이렇게 나타나는 물리·화학적 반응은 식품재료들이 매우 복잡한 성분들로 구성되어 나타나는 식품성분 상호 간의 반응이라 할 수 있다.

식품의 성분 변화는 조리·가공에 이용되며 유용한 미생물을 이용할 수 있어 유익한 면이 있다. 반면 유지 산패, 단백질 부패, 영양소 손실 등 유해하고 무익한 면도 있어 조리·가공 및 저장 시 이화학적 변화인 전분의 호화, 지방의 산화, 식품의 갈변, 기초 조리과학의 4가지를 고려해야 한다.

1. 전분의 호화

전분의 호화와 노화는 전분 구조와 물성 변화에 영향을 미친다. 전분에 물을 붓고 열을 가하면 수소결합에 의해 전분층을 형성하고 있는 미셀micell 구조에 물 분자가 침투하여 팽윤되고, 70~75℃ 정도에서 미셀 구조가 파괴되어 전분 입자의 형태가 없어지면서 점성이 높은 반투명의 콜로이드 상태가 되는데 이것을 전분의 호화라고 한다. 호화된 전분은 α-전분이라도 한다. 호화의 속도는 전분의 종류, 농도, 온도, pH, 염류의 영향을 받는다. 전분의 입자가 클수록, 온도가 높을수록, 수분 함량이 많을수록 반응이 촉진되며, 황산염을 제외한 일부 무기염류가 존재할 때 전분의 팽윤과 호화가 촉진된다. 생전분은 β-전분이라고도 한다.

2. 지방의 산화

식용유지, 지방질 식품을 장기간 저장하면 공기 중의 산소, 햇빛, 미생물, 효소 등의 작용으로 불쾌한 냄새가 나고 맛이 저하되며 독성물질을 생성하게 되는데, 이를 유지의 산패rancidity(酸敗)라고 한다. 산패는 크게 원인에 따라 분해에 의한 산패, 산화에 의한 산패, 변향 등으로 나눌 수 있다. 유지의 자동산화 속도는 온도, 광선, 수분, 공기뿐만 아니라 지방산의 불포화도와 금속 이온 등의 영향을 많이 받는다.

3. 식품의 갈변

식품의 갈변이란 식품을 저장하거나 가열 및 조리할 때 식품 자체 내 성분 간의 이화학적 반응이나 외부 요인들로 의해 색이 갈색으로 변하거나 본래의 색이 짙어지는 현상을 말한다.

식품은 변색이 일어나는 동안 외관과 풍미가 나빠지고, 성분에 변화가 일어나 영양적인 손실이 생겨 품질이 저하된다.

① 캐러멜화 반응 당류를 180~200℃의 고온으로 가열했을 때 산화 및 분해 산물에 의한 중합·축합으로 갈색 물질을 형성하는 것이다.
② 메일라드Maillard 반응 외부에서의 에너지 공급 없이도 자연 발생적으로 일어나며 분유, 간장, 된장, 오렌지주스 등의 갈색화를 예로 들 수 있다. 반응이 진행될수록 갈색이 되고 특수한 향기가 난다.

4. 기초 조리과학

식품조리란 인체에 알맞도록 재료의 영양을 높이고 기호성을 갖추어 보다 맛있고 안전하게 먹고 마실 수 있는 행위를 총칭한다. 우리가 조리를 하는 목적은 식품, 각종 성분의 화학적·물리적·생물적 변화를 일으켜 음식의 최종적인 맛과 색, 모양을 형성하기 위함이다. 우리는 조리를 통해 식품이 함유하는 영양소의 소비를 최대한 줄이며 맛과 모양을 갖추고 소화·흡수를 쉽게 한다.

기초적인 조리과학과 관련된 내용으로는 가열, 산화, 표면장력, 이온화, 점성, pH, 용해도, 거품, 콜로이드, 냉동의 10가지가 있다.

① 가열   목적은 위생적으로 안전한 음식물을 만드는 것이다. 식품의 영양 효율을 증진시키며 음식물의 풍미를 향상시킨다.

② 산화   어떤 물질이 산소와 화합하는 것으로 산화물이 되는 반응이다. 맛, 외관 저하, 영양가 손실이 일어난다.

③ 표면장력   액체 분자 사이의 장력으로 액체 표면에 따른 일정의 장력이 되는 것이다. 설탕은 표면장력을 증가시키고 지방산, 지방, 알코올, 단백질 등은 표면장력을 감소시킨다.

④ 이온화   금속이 금속이온을 함유하는 용액과 접촉하여 이온이 되어 용액 속으로 들어가는 현상이다.

⑤ 점성   액체 내부의 분자 밀도가 커지면 분자는 운동할 때 충돌하여 마찰을 일으키는데, 액체 내부의 분자 마찰을 점성이라고 한다. 점성은 음식 자체의 맛에 영향을 많이 주고 온도와 반비례한다. 점성이 클수록 액체는 끈끈해지고, 온도가 낮아지면 점성이 높아지며 온도가 올라가면 점성이 낮아진다.

⑥ pH   수소이온농도는 1기압 25℃의 물 1L에 $10 \sim 7$mol의 수소이온을 포함하고 있으며 그 pH는 7이다. pH<7의 수용액은 산성, pH>7의 수용액은 알칼리성이다.

⑦ 용해도solubility   용액 속에 녹을 수 있는 용질의 양을 말한다. 보통은 용액 100g 중에 녹을 수 있는 용질의 양으로 표시하거나 용매 100g 중 용질의 양으로 나타내기도 한다.

⑧ 거품   공기를 포집하는 것으로 거품에 의한 조리식품으로는 머랭meringue(설탕과 달걀흰자로 만든 것), 맥주, 아이스크림 등이 있다.

⑨ 콜로이드   육안이나 보통의 현미경으로는 보이지 않으나 원자 또는 저분자보다 큰 입자로서 어떤 물질이 분산되어있는 경우를 '콜로이드colloid'라고 한다.

⑩ 냉동   식품을 0℃ 이하에 두면 수분이 동결되어 이른바 냉동freezing 상태가 된다. 이때 미세한 결정을 만들기 위해서는 급속히 동결시켜야 하는데, 이것을 급속동결법이라 한다. 보통 −40℃ 이하에서 동결시킨다.

식품재료의 영양과 저장

1. 식품의 영양

식품으로 얻을 수 있는 영양소로는 단백질, 지방, 탄수화물, 비타민 및 무기질의 5가지가 있다. 조리에 의한 영양소의 종류별 변화를 살펴보면 다음과 같다.

> **영양소의 역할**
>
> 첫째, 영양소는 신체조직을 구성하고 소모된 조직을 보충하는 구성 요소의 역할을 한다.
> 둘째, 열량소는 신체가 활동하고 열을 낼 수 있는 에너지원의 역할을 한다.
> 셋째, 신체의 모든 생리작용을 조절하는 조절소의 역할을 한다.

1) 탄수화물

탄수화물carbohydrates은 우리 몸의 에너지원으로 매우 중요한 영양소이다. 식품 중에 함유된 탄수화물은 C, H, O로 구성되어있다. 탄수화물은 크게 단맛을 내는 당류와 단맛이 없는 전분 등의 다당류로 분류되는데, 각 성분에 따른 성질이 조리과정과 만나 감미와 풍미를 좌우한다. 탄수화물의 대표적인 변화는 다음과 같다.

① 변색   변색이 일어나는 동안 외관 및 풍미가 나빠지고, 성분에 변화가 생겨 영양적 손실이 일어나 식품 품질이 저하된다.

② 캐러멜화   당류를 고온에서 가열했을 때 탈수 분열에 의해 흑갈색의 중합 생성물이 만들어지는 현상이다.

③ 메일라드^{Maillard} 반응   외부에서 에너지가 공급되지 않아도 자연 발생적으로 일어나는 반응으로 분유, 간장, 된장, 오렌지주스 등의 갈색화에서 나타난다. 반응이 진행될수록 빛깔이 갈색이 되고 특수한 향기가 난다.

④ 멜라노이딘   식품을 가열 및 조리할 때 생겨나는 갈색 색소로 당류를 비롯해 지방, 아미노산과 같이 NH_2를 가지고 있는 질소화합물이 상호 반응하여 만들어진다. 예를 들어 식빵 표면의 갈색, 어묵, 불고기 등에서 나타나는 빛깔 중 일부가 바로 이 멜라노이딘에 의한 것이다.

⑤ 펙틴의 변화   프로토펙틴^{proto-pectin}은 불용성이지만 물로 장기간 가열하면 가열성인 펙틴 또는 펙트산^{pectin acid}을 생성한다. 적당량의 산과 설탕을 가한 후 가열하면 분자끼리 서로 결합하여 입체적인 망상 구조를 만들고 내부에 불을 함유하여 겔을 만들어내는데, 이러한 원리를 이용하여 만든 것이 바로 잼이나 젤리이다.

2) 지방

지방(지질)은 모든 생물체에 함유되어있는 영양소로 물과 알코올에 녹지 않으며, 유기용액(에테르, 아세톤, 클로로포름)에 녹는 물질이다. 열량 공급원으로서 가장 많은 1g당 9kcal의 열량을 낸다. 상온에서 액체일 때는 'oil', 고체일 때는 'fat'로 불리는데 통상 '유지'라고 칭한다. 영양학적으로는 에너지원, 필수지방산의 급원, 장기 보호, 체온 유지, 지용성 비타민의 체내 운반, 체조직 구성, 향미 성분 등의 기능을 한다. 유지의 속성으로는 융점, 비등점, 지방의 산패가 있다.

① 융점   식용유의 경우 융점이 낮은 것이 좋다. 융점이 체온보다 높으면 입에서 녹지 않으므로 맛이 없으며, 소화나 흡수 면에서도 융점이 낮은 기름이 좋다.

② 비등점   조리할 때 지방에 열을 가하면 일정한 온도에서 열분해를 일으켜 연기가 생긴다. 튀김 지방 분해 온도는 버터·라드가 200℃ 이상, 식물성 기름은 160~180℃가 좋다.

③ 지방의 산패 지방은 공기 중의 산소에 의해 산화되어 맛이나 영양가가 저하되고 유해물질이 생성된다. 이러한 현상을 지방의 산패 또는 유지의 산패라고 하며, 이는 공기 중의 효소, 빛, 금속(구리, 니켈), 세균, 과열이라는 5가지 요인에 의해 촉진된다.

3) 비타민

비타민은 소량으로 중요한 생리작용에 관여하며 생체 내에서 생성되지 않아 반드시 식품에서 섭취해야 한다. 종류로는 지용성인 비타민 A, D, E, F, K, 수용성인 비타민 B, B_2, B_6, B_{12}, C, L, M, H가 있다.

4) 무기질

무기질은 생리적 작용에 관여한다. 체액의 중성을 위한 식품배합 균형도 중요하다.

2. 식품재료의 저장

식품재료의 저장이란 재료의 영양적 가치, 기호적 가치, 위생적 가치 등 품질을 유지하는 일이다. 저장 중 식품재료의 변질에는 온도, 습도, 가스 조성, 빛, 바람, 미생물, 해충, 충격, 압력의 9가지가 복합적으로 관여한다. 식품의 변질을 방지하고, 안정성을 유지하기 위해서는 환경요인을 적절하게 조절하는 것이 중요하다. 또 식품 저장 방법과 저장의 역할을 잘 파악해야 한다.

1) 식품 저장 방법

인류가 식품을 얻는 수단과 방법을 익히면서 식생활이 풍요로워졌고 이에 따라 냉동, 냉장, 가스저장, 가공식품 등 다양한 저장기술이 개발되었다. 인류는 부패와 변질 방지를 통해 식품을 원상태로 일정 기간 유지하고, 산화 방지를 통해 식품의 위생과 화학적 부패, 산화된 음식으로부터 일어날 수 있는 유해한 사고를 최소화한다. 또한 영양 강화를 통해 맛, 풍미, 소화력을 높이고 영양적인 가치를 장기간 보존 및 유지한다.

식품의 저장 방법은 크게 물리적 방법, 화학적 방법, 생물학적 방법, 기타 복합 처리 방법의 4가지로 나누어진다.

① 물리적 방법　냉동냉장법, 건조법, 탈수법, 가열법, 살균(자외선, 적외선, 방사선) 등 침투법이 있다.
② 화학적 방법　절임법(염장, 당장법), 산저장법(pH 변화), 가스저장법(공기치환, C.A 저장), 보존제첨가법 등이 있다.
③ 생물학적 방법　세균이나 곰팡이에 의한 효소작용법이 있다.
④ 기타 복합 처리 방법　훈증 또는 훈연법 등이 있다.

2) 저장의 역할

우리는 저장을 통해 식품의 저장 기간을 연장하고 식품의 신선도를 유지할 수 있다. 식품재료는 아무리 신선하더라도 수확 후 왕성한 호흡작용과 세균 또는 미생물 번식을 통해 변질·부패되기 쉬운데 냉동 및 냉장 또는 그 밖의 환경 조건을 제공하여 이들의 활동을 억제함으로써 저장 기간을 연장하고 이를 통해 식품의 질을 좋게 만들 수 있다. 식품을 어느 정도 적당한 환경에 저장하면 맛이나 향미 또는 소화·흡수도와 신선도가 향상된다.

CEREALS

CHAPTER 2

곡류

곡류의 이해

1. 식량으로서의 곡류

곡류는 인류의 식량원으로 전 세계 농경지의 반 이상에서 재배되고 있다. 쌀, 밀, 보리, 호밀, 귀리 등의 맥류와 옥수수, 수수, 조, 기장, 피, 메밀 등의 잡곡이 바로 곡류에 속하는 식품들이다. 서구 유럽과 중국은 밀, 동남아와 극동 지방은 쌀, 라틴아메리카는 옥수수를 가공하여 식량으로 삼고 있다.

1) 곡류가 섭취되는 이유

곡류가 다른 식품보다 다량으로 섭취되는 이유는 열량원으로 사용, 저장과 수송의 편리함, 저렴한 가격과 담백한 맛의 3가지이다.

① 곡류는 일반적으로 전분 함량이 많아 중요한 열량원으로 쓰인다.
② 수분 함량이 적어 장기 저장이 가능하고 수송하기도 편리하다.
③ 가격이 저렴하고 맛이 담백하여 쉽게 싫증이 나지 않는다.

> **곡류의 저장**
>
> 곡류는 저장 시 수분이 변화되어 품질과 맛이 저하되므로 충분히 건조시켜 저장해야 한다. 적절한 건조와 저온 유지가 필요하다.

2) 곡류가 재배되는 이유

곡류가 다른 식품보다 많이 재배되는 이유는 생산량 많음, 유통이 간편, 환경적응력 좋음, 장거리 수송 적합의 4가지이다.

① 다른 식품재료에 비해 단위 면적당 생산량이 많다.
② 유통이 간편하다. 곡류는 재배 시기가 한정되어있으나 수분 함량이 적고, 외부에 단단한 껍질이 있어 장기 저장이 가능하고 유통하기도 좋다. 모든 식품재료 중 가장 중요한 식량이라고 할 수 있다.
③ 환경에 잘 적응한다. 환경 적용성이 강하여 열대지방부터 한대지방에 이르기까지 널리 재배된다.
④ 장거리 수송에 적합하다. 낟알에 10~15%의 수분을 함유하고 있어 장기 저장과 장거리 수송을 하기에 매우 좋다.

3) 곡류별 재배 조건

인류가 이용하는 곡물들은 여러 가지 기후와 토양 조건에 적응한 것으로, 곡류별 재배 조건을 살펴보면 쌀은 열대 우량 지역, 밀은 건조하고 냉한 지역, 옥수수는 덥고 우량이 많은 지역, 서속류는 척박한 건조 토양에서 잘 자란다.

① 쌀은 동남아시아, 극동지방에서 재배된다. 벼(쌀)는 아시아의 열대 우량이 풍족한 지대 조건에서 생육한다.
② 밀은 서구 유럽, 중국에서 재배된다. 밀과 보리는 건조하고 냉한 지역에서 재배된다.
③ 옥수수는 라틴아메리카, 아프리카에서 재배된다. 성장 기간이 길고 여름에 무더우며 우량이 많은 곳에서 잘 자란다.
④ 서속류(조, 기장류)는 아프리카와 아시아에서 재배된다. 기후가 덥고 건조한 지역, 척박한 건조 토양에서 자란다.

2. 곡류의 구조

모든 곡류는 주요 부분인 배아, 배유, 껍질층의 3가지를 가지고 있다.

1) 배아

배아는 열매에서 가장 중요한 곳으로 지방, 단백질, 비타민이 풍부하다. 발아 시 뿌리나 잎의 새로운 식물체를 만드는 부분이다.

2) 배유

낟알의 대부분을 차지하고 있는 가장 큰 중심부로 발아 후 싹과 뿌리에 영양분을 공급하는 영양소 저장 창고이다.

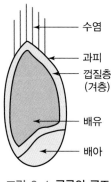

그림 2-1 **곡류의 구조**

3) 껍질층

배유와 배아를 보호하는 부분으로 대부분 섬유소로 되어있다.

3. 곡류의 식품학적 중요성

곡류는 3대 영양소 중 하나인 탄수화물의 열량공급원으로 식품에서 중요한 위치를 차지하고 있다. 곡류가 지니는 식품학적 가치를 살펴보면 탄수화물 함유, 단백질 함량 높음, 대량생산 가능, 1차 가공만으로 사용 편리가 있다.

① 열량 영양소인 탄수화물(60~70%)을 많이 함유하고 있다.
② 단백질(9~14%) 함량이 높은 편이다.
③ 대량생산이 가능하다.
④ 1차 가공만으로도 식량으로 사용할 수 있다. 수송 중 부패되거나 변질되는 경우가 적다.

SECTION 02

여러 가지 곡류의 특성

1. 밀

1) 밀의 역사

밀wheat은 인류가 농경 생활을 시작한 B.C. 1만 5000~1만 년경부터 재배되었다. 원산지는 서남아시아, 아프가니스탄이나 카프카스이다. 밀은 지중해와 메소포타미아 지방에서 적어도 B.C. 5000~6000년에 경작되었다. 이외에도 중국, 이집트, 한국에서 밀이 재배되기 시작한 연도를 살펴보면 다음 표 2-1과 같다.

밀

표 2-1 중국, 이집트, 한국의 밀 재배

국가	연도
중국	기원전 2700년에 밀이 재배되기 시작했다.
이집트	B.C. 5000~6000년의 이집트 고분과 신석기시대 유적에서 각기 밀이 관찰되었다.
한국	B.C. 200~100년경으로 추정된다.

2) 밀의 종류

밀은 전 세계에 약 22종이 존재한다. 크게 보통계 밀T. aestivum과 1립계 밀, 2립계 밀,

티모피비계 밀의 4가지로 나누어진다. 보통계 밀은 세계 재배 면적의 90%를 차지하며 우리나라에서 먹는 것도 보통계 밀이다. 드럼밀(마카로니밀)은 중앙아시아, 아프리카, 북아메리카에서 재배되는데, 가장 경질의 밀로 마카로니 또는 스파게티 등을 만들때 쓰인다. 이 밖에 밀을 다양한 기준에 따라 분류하여 살펴보면 다음과 같다.

(1) 밀알이 단단한 정도에 따른 분류

밀은 경도에 따라 경질밀hard wheat, 중간질밀, 연질밀soft wheat의 3가지로 분류된다.

① 경질밀　단백질 함량이 높고(11% 이상), 비중이 크다(1.35). 강력분으로 만들어져 제빵용으로 사용된다.
② 중간질밀　경질과 연질의 중간적인 성질을 띤다.
③ 연질밀　탄성이 약한 글루텐을 얻을 수 있다. 박력분으로 만들어져 제과용으로 사용된다.

(2) 재배 기간에 따른 분류

밀은 파종 시기에 따라 봄에 뿌리는 봄밀(춘소맥)과 겨울에 뿌리는 겨울밀(동소맥)의 2가지로 나누어진다.

① 봄밀　16%의 단백질을 함유하고 있다.
② 겨울밀　대략 11~13%의 단백질을 함유하고 있다.

(3) 밀알의 색에 따른 분류

밀은 종피의 색에 따라 적색밀, 백색밀의 2가지로 나누어진다.

3) 밀의 구조와 특성

(1) 밀의 구조

한 알의 밀은 껍질, 배아, 내배유의 세 부분으로 이루어져 있다.

① 껍질　약 14.5%를 차지하며, 주로 가축을 위한 사료로 사용된다.
② 배아　약 2.5%를 차지하며, 지방을 함유한다.
③ 내배유　전체의 83%를 이루고 있으며 많은 양의 전분을 함유하고 있다.

(2) 밀의 제분

밀은 제분율은 보통 70~80%이다.

(3) 글루텐 형성

글루텐의 형성은 밀의 단백질이 물과 혼합되어 이루어진다. 글루텐은 글루테닌^{glutenin}과 글리아딘^{gliadin}의 혼합물로, 글루타민^{glutamine}이 30% 이상 존재하는 물질이다.

① 글루테닌　긴장된 탄력성을 준다.
② 글리아딘　분자량 100,000 이하의 물질이다. 물을 흡수하여 점성을 나타낸다.

4) 밀의 주요 성분

밀의 주요 성분은 수분(14%), 단백질(8~15%), 지방(약 2%), 탄수화물(약 70%), 회분(1~2%), 비타민 B, 카로티노이드^{carotenoid}계 색소의 7가지이다. 주요 성분을 더 자세히 살펴보면 표 2-2와 같다.

표 2-2 밀의 주요 성분(100g 중의 g수)

분류		수분(g)	단백질(g)	지방(g)	탄수화물(g)		회분(g)	비타민(mg)		
					당질	섬유소		B_1	B_2	니코틴산
밀 전체	1 보통	13.5	10.5	2.0	70.3	2.1	1.6	0.32	0.10	4.5
	2 강력	13.5	12.0	2.1	68.5	2.3	1.6	0.32	0.10	4.5
	3 수입연질	12.0	10.4	1.9	72.2	2.0	1.5	0.28	0.08	4.2
	4 수입경질	13.0	13.0	2.2	67.8	2.4	1.6	0.36	0.11	5.0
1등급 밀가루	1 박력분	14.0	8.3	0.9	76.2	0.2	0.4	0.15	0.04	1.0
	2 중력분	14.5	8.5	1.0	75.3	0.3	0.4	0.15	0.05	1.0
	3 강력분	1.45	11.0	1.0	72.6	0.3	0.5	0.15	0.05	1.1

5) 밀의 변화

밀은 저장, 제분, 조리, 제빵, 제면의 5개 부분에서 변화를 나타낸다.

① 저장 변화　저장 온도와 습도가 높으면 곤충, 곰팡이가 번식하여 변질될 우려가 있다.

② 제분 변화　밀을 제분하면 섬유, 회분, 지방, 단백질, 무기질 함량은 감소되고 전분 함유율은 높아진다.

③ 조리 변화　밀은 수세에 의한 비타민·무기질의 유실이 없다. 영양성분의 손실이 문제가 되는 것은 혼합mixing, 발효 및 가열로 변화된다.

④ 제빵 변화　밀가루 단백질의 글루텐이 점착력이 강하고 신전성이 있어 효모의 발효로 생성되는 탄산가스를 둘러싸서 늘어나며 넓어지는 변화가 있다.

⑤ 제면 변화　제면은 중력분이며 소금을 넣으며 글루텐을 수축시키고 신전성을 높여주는 변화가 있다.

2. 호밀

호밀(영Rye, 프Seigle, 독Roggen)의 원산지는 서남아시아, 카프카스, 소아시아이다. 이것은 호밀빵이나 보드카, 흑맥주, 위스키 등의 재료로 이용된다. 식품·식량으로 이용하는 지역에서는 정백·제분하여 흑빵을 만들어 먹기도 한다.

곡류 중에서 내한성이 가장 강하고 내건성도 좋기 때문에 한랭지나 고지, 척박한 토지에도 잘 적응하고 재배된다. 생산량은 세계 6위로 러시아(세계 36%), 독일, 폴란드 등 북부 유럽의 여러 나라와 터키, 미국, 캐나다 등에서 생산된다.

호밀

1) 호밀의 주요 성분

호밀의 일반 성분 조성을 살펴보면 표 2-3과 같다.

표 2-3 호밀의 일반 성분 조성(%)

열량(kcal)	수분	단백질	지방	당질	섬유소	회분
333	12.5	12.7	2.7	68.5	1.9	1.7
무기질(mg/100g)				비타민(mg/100g)		
Ca	P	Fe	Na	B_1	B_2	니아신
38	330	3.0	2.0	0.5	0.2	1.7

2) 호밀의 제빵성

호밀은 밀과 함께 빵을 제조할 수 있는 유일한 곡류이다. 호밀로 만든 빵은 호밀빵 또는 흑빵이라고 한다. 호밀로 만든 빵은 젖산작용을 하여 잡균의 번식이 억제되므로 잘 변질되지 않는다. 호밀의 제빵성과 관련된 여러 가지 내용을 살펴보면 글루텐, 색깔, 풍미와 점탄성, 단백질, 사워종, 제빵법, 사워 반죽의 7가지가 있다.

① 글루텐   호밀가루는 글루텐이 형성되지 않아 밀빵보다 덜 부푼다.
② 색깔   호밀로 만든 빵은 색깔이 검다.
③ 풍미와 점탄성   독특한 풍미를 지닌 갈색의 빵으로 점탄성은 없고 단단하다.
④ 단백질   산에 의해 점성이 증가하는 단백질이 있다.
⑤ 사워종   젖산균 호밀가루를 물로 이기면 야생 젖산균(사워종)이 번식하여 자연 발효가 일어나 젖산이 생성되고, 단백질이 팽화되며, 점착력이 증가된다.
⑥ 제빵법   호밀가루의 단백질 함량은 밀가루와 큰 차이가 없지만, 글루텐 함량이 적기 때문에 독특한 제빵법을 필요로 한다.
⑦ 사워 반죽   반죽을 적당한 온도로 유지하면서 천연효모를 발효시켜 만드는 것으로, 효모 중 젖산균의 번식에 따라 반죽이 산성으로 변해 점탄성이 강해진다.

3. 보리

보리barley는 세계적으로 밀, 벼, 옥수수 다음으로 생산량이 많은 작물이다. 주로 스코틀랜드, 노르웨이, 시베리아, 알프스, 아프가니스탄, 히말라야, 중국 양쯔강 상류의 티베트 지방, 카스피해 남쪽 터키 부근에 분포되어있다.

인류가 재배한 가장 오래된 작물로 지금으로부터 약 7,000~1만 년 전에 재배가 시작된 것으로 추측된다. 여섯줄보리의 원산지는 중국 양쯔강 상류의 티베트 지방이다. 두줄보리의 원산지는 카스피해 남쪽의 터키 및 인접 지역이다. 우리나라에는 4~5세기경 중국을 통해 들어와 재배되기 시작하였다.

보리

표 2-4 보리 1홉의 성분가

성분	함유량	성분	함유량
수분	14%	칼슘	40mg
칼로리	335kcal	인	320mg
단백질	10g	철	4.5mg
지방	1.9g	비타민 B_1	0.38mg
탄수화물	71.7g	비타민 B_2	0.1mg
회분	2.4g		

1) 보리의 종류

보리의 종류로는 성숙 후에도 껍질이 종실에 밀착되어 분리되지 않는 겉보리covered barley와 성숙 후 껍질이 종실에서 쉽게 떨어지는 쌀보리naked barley의 2가지가 있다.

2) 보리의 주요 성분

보리의 주요 성분을 살펴보면 대맥, 나맥, 압맥, 절단맥의 4가지가 있다(표 2-5).

표 2-5 보리의 주요 성분(%)

종류	수분	단백질	지방	탄수화물		회분	비타민		
				당질	섬유		B_1	B_2	니아신
대맥	14.0	10.0	7.9	66.5	5.2	2.4	0.38	0.10	6.0
나맥	14.0	10.6	2.0	69.7	1.9	1.8	0.42	0.11	6.5
압맥	14.0	8.8	0.9	74.7	0.7	0.9	0.18	0.07	2.5
절단맥	14.0	8.0	0.7	76.2	0.4	0.7	0.18	0.07	2.5

3) 보리의 사용

보리의 사용은 식량, 사료, 공업원료용의 3가지로 구분된다. 식량으로는 보리밥, 미숫가루, 조청, 엿기름, 식혜, 맥주, 보리빵과 보리차, 청량음료, 엿, 감주 등으로 이용된다. 또 맥주 양조의 원료로 이용되며 소주, 위스키, 된장, 고추장 제조에도 쓰인다.

4) 보리의 저장

보리는 건조한 곳에 보관한다. 보관할 때는 수분을 14% 이하로 하고 진공 포장하여 장기 보관하는데, 이때 도정하지 않은 상태가 적합하다.

4. 쌀

쌀rice은 밀, 옥수수와 더불어 세계 3대 곡물로 일컬어지는 매우 중요한 농산물이다. 총 생산량의 약 92%가 아시아에서 생산된다. 원산지는 중국 서남부의 운남 부근, 중국 남부, 인도, 인도차이나 반도 부근 등으로 알려져 있다. 우리나라에서 재배되기 시작한 것은 삼한시대 이전으로 추정된다.

쌀

1) 쌀의 종류

세계에서 생산되는 쌀은 크게 일본형, 인도형, 자바형의 3가지 종류로 나누어진다.

① 일본형Japonica type 한국, 일본, 유럽, 오스트레일리아 일부 지역과 캘리포니아에서 재배된다.
② 인도형Indica type 동남아시아 전역에서 재배된다.
③ 자바형Java type 자바, 수마트라, 필리핀, 중앙아메리카에서 재배된다.

또 구성성분의 차이에 따라 찹쌀과 멥쌀의 2가지로 구분할 수도 있다.

① 멥쌀 우리가 쌀밥으로 지어 먹는 쌀이다. 배젖이 반투명하고 광택이 있다. 약 80% 정도만 아밀로펙틴이고 나머지 20% 정도는 아밀로오스이다.
② 찹쌀 배젖 전분이 거의 100% 아밀로펙틴으로 되어있다. 인절미나 찰밥을 만들 때 쓴다.

2) 쌀의 주요 성분

쌀의 주요 성분은 전분으로 74%가 함유되어있다. 이외에도 단백질이 6% 들어있는데 쌀겨층 및 배아에는 17~18%까지 들어있다. 지방은 쌀겨나 배아에 20%, 백미에는 0.6% 정도 소량 함유되어있다.

3) 쌀의 저장

쌀을 저장할 때는 온도 10~15℃, 습도 70~80%를 유지할 수 있는 저온창고에 하는 것이 적합하다.

5. 옥수수

옥수수corn는 쌀 다음으로 생산량이 많은 세계 3대 작물 중 하나이다. 옥수수는 기후나 토양에 대한 적응력이 뛰어나 재배가 용이하고 잡곡 중 생산량이 많아 가장 널리 재배된다. 척박한 땅에서도 잘 자라는 강한 식물로 성장 기간이 짧은 것이 특징이다.

원산지는 남미 안데스산맥 일대이며, 동양과 아프리카 지방에서 중요한 주식이자 사료로 이용된다.

옥수수

종류로는 식용으로 쓰이는 찰옥수수와 사료로 쓰이는 메옥수수의 2가지가 있다. 옥수수의 성분은 탄수화물 약 70%, 아밀로오스 약 25%, 아밀로펙틴이 약 75%를 차지한다. 이외에도 단백질이 8%, 지방분이 4%, 비타민 A, E가 들어있다.

6. 수수

수수sorghum는 화본과에 속하는 한해살이 식물로 수수의 열매를 먹는다. 원산지는 열대 아프리카와 인도이고, 주산지는 중국과 중앙아시아, 인도, 미국이다. 기후나 토양에 대한 적응력이 뛰어나 재배가 용이하고, 생산량이 많기 때문에 널리 재배된다. 세계 각국에 분포되어있으며 품종은 30여 종이 존재하는데, 아시아에서 약 15종이 재배된다. 주로 설탕을 제조하는 데 쓰인다.

수수

종류는 크게 식용으로 쓰이는 찰수수와, 사료로 쓰이는 메수수의 2가지가 있다. 찰수수는 대개 떡이나 술, 엿을 만드는 데 이용되고 메수수는 밥이나 죽 등을 만드는 데 이용된다.

7. 조

조foxtail millet는 동양에서 오랜 재배 역사를 지니고 있는 곡물로 수확량이 적다. 원산지는 동부아시아 지역으로, 일부는 아프리카가 원산지로 추정된다. 재래종으로서 사조, 평양조, 호조 등 10여 종이 있다.

조는 주로 아프리카, 중국, 러시아 등 빈곤한 지역 주민들의 주식으로 이용되고 있다. 그 밖에도 떡, 엿, 소주, 풀, 조류의 사료 등으로 이용된다. 주요 성분은 전분 63%, 지방 1.4%, 단백질 7%, 환원당 2.2% 등이며 섬유소, 회분, 비타민 B군, 칼슘, 철분 등도 상당량 들어있다.

조

8. 메밀

메밀buckwheat은 차가운 땅에서도 잘 생육되며 생육 기간이 짧아 건조한 땅이나 보리를 심지 못한 논의 대작으로 심는다. 원산지는 동북아시아 아무르강, 만주, 시베리아에 걸친 지역으로 추정된다. 주요 생산국은 러시아, 폴란드인데 서늘하고 습한 곳, 건조 토양이나 개간지에서 잘 자란다. 주요 성분은 탄수화물, 전분이며 단백질이 약 10% 함유되어있다. 주로 냉면이나 묵, 만두, 과자 등을 만들어 먹는다. 저장 시에는 온도가 낮은 곳에 통째로 보관한다.

메밀

9. 율무

율무Job's tears는 벼과에 속하는 곡물로 일년생 또는 다년생 초본식물이며 보통 1~
1.5m 정도까지 자란다. 원산지는 베트남 북부이다. 탄수화물이 약 62%, 단백질이 약
21~22%를 차지하며 지방을 3.58~4% 함유하고
있어 다른 곡류보다 단백질과 지방 함량이 높은 편
이다. 한국과 일본에서는 대개 약용 식물로 이용된
다. 율무는 정백하여 죽, 떡, 술을 만들 수 있는데
인도에서는 밀가루와 혼합하여 빵으로 만들기도
한다.

율무

10. 귀리

귀리oat의 원산지는 중앙아시아 일대로 알려져 있다. 기원전 250년에 그리스에서 재배
되었으며, 중국에서는 서기 386~534년에 재배된 것으로 알려져 있다. 우리나라에서
는 고려시대에 원나라가 침입할 때 말의 먹이로 가
져온 것이 재배의 기원이라고 알려져 있다.

귀리의 주된 성분은 탄수화물로 55.5%가 함유되
어있다. 단백질은 약 13~13.5%이다. 대부분이 사
료로 이용된다. 저장 시에는 수분 함량을 13% 이
하로 하면 저장 기간을 연장할 수 있다.

귀리

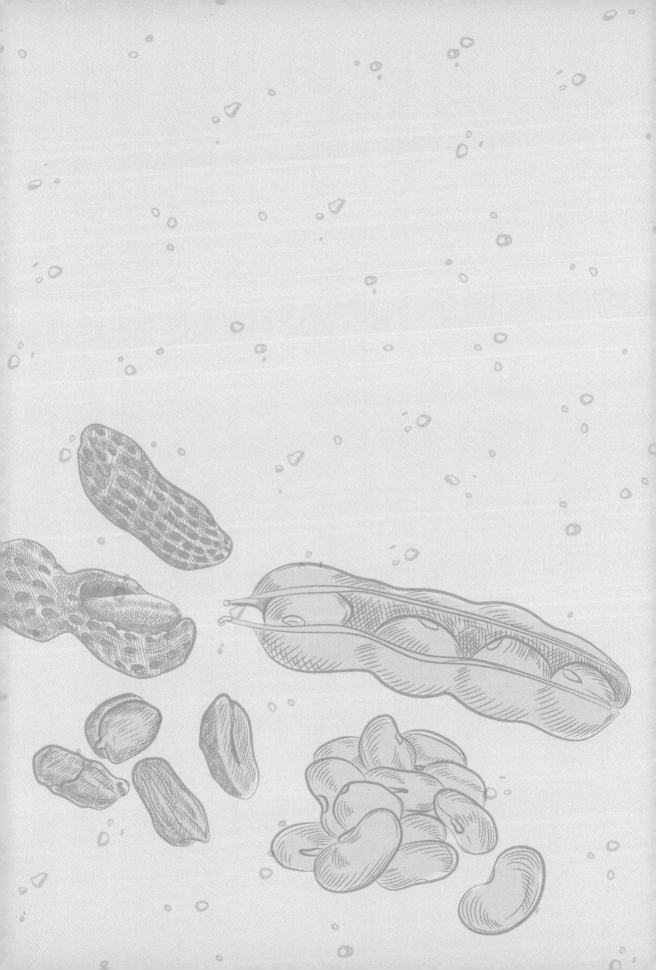

PULSES

CHAPTER 3

두류

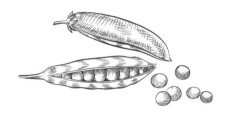

두류의 이해

두류는 기름의 원료, 양조의 원료, 기타 가공식품 재료로서 중요한 작물이다. 콩(大豆), 팥(小豆), 강낭콩, 땅콩(落花生) 등이 대표적이다.

1. 두류의 분류

두류는 각 종류의 영양성분에 따라 단백질과 지방이 많은 것, 탄수화물이 많은 것, 채소의 특성을 지닌 것의 3가지로 나눌 수 있다.

  ① 단백질과 지방의 함량이 높은 두류   콩, 땅콩
  ② 탄수화물의 함량이 높은 두류   팥, 녹두, 완두, 강낭콩
  ③ 채소의 특성을 지닌 두류   청태콩, 미성숙 완두콩, 껍질콩

2. 두류의 식품학적 가치

두류는 재배 기간이 짧아 구황작물로 재배될 수 있으며 저장성이 좋다는 장점이 있다. 단백질, 지방을 풍부하게 함유한 단백질과 지방의 공급 식품으로서 중요하다. 이 밖에

두류의 식품학적 가치로는 재배가 용이함, 다양한 종류, 단백질로 구성, 무기질 조성이 좋음의 4가지가 있다.

① 환경에 대한 적응성이 좋으며, 재배가 용이하고 생육기간이 짧아 세계적으로 재배할 수 있다.
② 종류가 풍부하며 보존, 운반이 용이하다. 제유나 식품공업의 원료와 요리에 쓰인다.
③ 생물가가 높은 우수한 단백질로 구성되어있다.
④ 비타민 B_1과 P, Fe, Ca 같은 무기질, 단백질의 아미노산 조성이 좋다.

3. 두류의 성분

콩을 제외한 두류의 단백질 함량은 약 20~23%이고 지방은 약 20% 이하인데 녹두의 경우 2% 이하로 나타난다. 두류는 껍질 부위에 섬유소가 많이 함유되어있으며 소화율이 낮다.

4. 두류의 저장

두류의 저장 시에는 수분을 11% 이하로 하고 저장온도는 낮게 하며 통풍이 잘되는 곳에 두어야 한다.

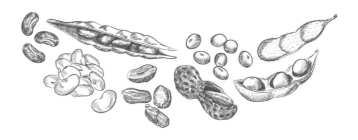

여러 가지 두류의 특성

1. 대두

대두soybean의 원산지는 동북아시아, 중국 북부이다. 세계적으로 약 5,000년 전부터 재배되었는데, 우리나라에서는 약 1,500년 전부터 재배되었다. 쌀과 보리와 더불어 중요한 위치를 차지하는 단백질 급원식품이다.

콩은 수확 시기에 따라 여름콩, 중간콩, 가을콩의 3가지로 나누어진다. 또 색에 따라 황색인 황대두(누런콩), 백색인 흰콩, 붉은색인 밤콩, 흑색인 흑대두(검은콩), 녹색인 청대두(푸른콩)로 구분된다. 주로 사용되는 것은 황대두이다.

대두

1) 대두의 성분

대두의 주성분은 약 40%의 단백질과 약 19~22%의 지방이다. 탄수화물도 약 19~22%로 상당량 들어있으며 대부분의 비타민이 대두에 함유되어있다. 대두 속에 있는 레시틴 성분은 뇌의 움직임을 활발하게 하여 두뇌 노화를 방지한다.

2) 대두의 사용

대두는 조직이 단단하여 조리 후에도 소화율이 70% 이하이다. 식품 및 식품가공 원료로 사용되어 된장, 간장, 고추장, 청국장, 콩밥, 콩나물, 두부, 샐러드, 비지, 콩죽, 콩젖, 과자, 냉면, 빵, 식용기름 대용, 커피, 인조버터, 가락국수, 튀김 기름, 템페tempeh, 영양제 등으로 만들어진다. 대두를 용도별로 구분하여 살펴보면 사료용, 비료용, 공업용의 3가지가 있다.

① 사료용　생초, 건초, 엔실리지ensilage, 콩깻묵 등
② 비료용　풋베기 거름, 콩깻묵 등
③ 공업용　비누, 인쇄용 잉크, 재생고무, 방수제, 가솔린 안정제, 화장품용 유화제, 살충제, 화약, 도료, 인조석유, 신경쇠약 치료, 진통제, 강장제, 셀룰로이드, 베쿨라이트, 교착제, 세척제 등

3) 대두의 저장

대두는 저장 시 수분 함량을 11% 이하로 유지하는 것이 좋다. 저장온도는 낮추고 통풍이 잘되는 곳에 보관한다.

2. 팥

팥small red bean의 원산지는 중국 등 아시아 지역으로 알려져 있다. 중국, 우리나라, 일본 등 동양의 온대지방에서 많이 재배된다. 우리나라에서 대두 다음으로 수요가 많은 두류이다. 특성에 따라 여름 품종과 가을 품종으로 구분된다.

팥

1) 팥의 성분

붉은 팥의 성분은 탄수화물이 약 56.6%를 차지하며 전분·단백질은 약 21.5%, 섬유질은 약 3.7%이다. 특수 성분인 사포닌saponin이 0.3% 정도 들어있다.

2) 팥의 사용

팥은 팥죽이나 떡의 고물, 빵의 앙금, 양갱·빙과 제조 등 제과용으로 많이 사용된다.

3. 녹두

녹두green bean는 인도에 분포되어있는 야생종에서
유래되었다. 중국, 일본, 우리나라에서의 재배 역사
가 오래된 작물 중 하나이다.

녹두

1) 녹두의 성분

녹두의 주성분은 탄수화물이 약 55%, 단백질이 약 21%, 헤미셀룰로오스hemicellulose가
약 3.5%이다. 아미노산의 함량이 풍부한 영양가 높은 두류이다.

2) 녹두의 사용

녹두는 숙주나물의 원료이며 청포묵, 빈대떡, 떡소나 떡고물, 녹두죽, 당면의 재료로
도 쓰인다.

4. 완두

완두garden pea의 재배 역사는 오래되었다. 우리나라
에는 중국을 통해 들어온 것으로 생각된다. 원산지
는 중앙아시아와 중근동 지역이다.

완두

1) 완두의 성분

완두의 주요 성분은 탄수화물 56%, 단백질 22%, 조지방 27%의 3가지이다.

2) 완두의 사용

완두는 주로 혼식에 사용된다. 된장, 간장 등을 만들 때나 통조림을 만들 때, 떡을 만들 때, 제과·제빵의 재료로 많이 이용된다.

5. 강낭콩

중앙아메리카가 원산지인 강낭콩kidney bean은 신대륙 발견 이전에 이미 남북 아메리카로 확산되어있었고, 17세기에는 유럽 전역으로 확대되었다. 우리나라에는 중국의 남부 지방을 거쳐서 전래된 것으로 알려져 있다.

강낭콩

1) 강낭콩의 성분

강낭콩의 주성분은 탄수화물이 61.4%, 단백질이 20.2%이다. 주된 단백질은 글로불린globulin이다.

2) 강낭콩의 사용

우리나라에서는 혼식, 떡의 고물이나 제과·제빵에 사용되며 서양에서는 샐러드의 재료로 이용된다.

6. 땅콩

땅콩peanut의 원산지는 브라질이고 주산지는 인도, 중국, 미국, 인도네시아 등이다. 우리나라에는 정조 무술년(1788)에 중국을 통해 전해진 것으로 생각된다.

땅콩

1) 땅콩의 성분

땅콩의 성분은 평균적으로 지방이 47%, 단백질이 25%이다. 탄수화물로는 녹말 외에 갈락토오스가 들어있다.

2) 땅콩의 사용

땅콩을 사용할 때는 주로 볶아서 식용한다. 피넛버터peanut butter를 만들 때나 올리브유의 대용, 비누 제조에도 쓰인다.

피넛버터

ROOT AND TUBER CROPS

CHAPTER **4**

서류

서류의 이해

서류(薯類)는 식물의 뿌리나 땅속줄기가 굵어진 작물로, 전분을 많이 함유하고 있다. 서류의 종류와 식품학적 가치를 살펴보면 주식 대용, 전분과 주정의 원료용, 사료용의 3가지가 있다.

1. 서류의 종류

서류의 종류로는 감자, 고구마, 카사바, 돼지감자 등 4가지가 있다.

대표적 서류인 감자의 성장 과정

2. 식품학적 가치와 저장

서류는 단위 면적당 생산량이 많다. 다량의 다당류나 전분을 포함하고 있으며 단백질
이나 지방 함량은 낮으나 칼슘과 칼륨의 함량이 높은 알칼리성 식품이다. 비타민 함량
이 낮은 편이나 서류의 비타민은 가열에 의한 손실률이 10~20%밖에 되지 않는 비교
적 안정한 형태이다. 수분은 70~80%를 함유하고 있으며 냉해를 입기 쉬우므로 저장
시 많은 주의를 기울여야 한다.

감자, 고구마는 주식 대용 부식품으로 이용되며 생산량이 가장 많은 작물이다. 서류
는 전분과 주정원료로 이용되며 찌꺼기는 사료로 사용되고 전분 제조의 공업원료가
된다. 전분은 청과물과 비교할 때 상당히 장기간 저장이 가능하다.

① 감자의 저장　온도 1~3℃, 습도 85~90%가 좋다.
② 고구마의 저장　온도 13℃, 습도 85~90%가 좋다.

SECTION 02
여러 가지 서류의 특성

1. 감자

감자^{potato}의 원산지는 남아메리카 안데스산맥 티티 카카호 주변으로 알려져 있다. 5세기경에 잉카족이 주식으로 이용했다고 한다. 우리나라에는 조선 중 기에 중국으로부터 전래되었다. 감자는 척박한 땅 에서도 잘 자라 쌀, 보리를 재배하기 힘든 지역에 서 식량으로 많이 이용되었다.

감자

1) 감자의 성분

감자의 성분은 수분이 약 78%, 단백질이 2%를 차지하며, 당질은 18.5%, 섬유질은 0.5%이고 펙틴^{pectin}이 포함되어 있다. 무기질은 인^P이 가장 많이 함유되어 있으며 칼 슘^{Ca}의 함량은 낮은 편이다. 감자는 섬유질을 많이 함유하고 있어 혈액 중의 콜레스테 롤^{cholesterol}을 저하시키는 작용을 하며, 심장질환 등 성인병 예방에 좋은 식품이다.

감자의 씨눈과 껍질에 햇볕을 쬐면 녹색으로 변하는데, 싹이 난 감자에는 솔라닌 ^{solanin}이라는 독성물질이 함유되어있어 복통, 위장장해, 현기증을 유발하므로 제거해 야 한다.

2) 감자의 사용과 저장

감자는 우리나라 북부 지방에서 주식 및 간식용으로 이용되어왔다. 엿, 떡, 빵, 감자칩 등을 만드는 데 쓰이며 전분 제조나 주정용, 사료용으로도 사용된다. 감자의 저장을 위한 최적 온도는 1~3℃, 습도는 85~90%이다.

2. 고구마

고구마sweet potato는 열대 및 아열대 지방에서 재배가 가능하며 단위 면적당 수확량이 많고 건조한 척박지에도 잘 적응하는 작물이다. 원산지는 중앙아메리카 또는 파푸아뉴기니, 오세아니아라는 설이 전해진다. 우리나라에는 영조 때 일본 통신사로 갔던 조엄(趙曮, 1719~1777)이 고구마가 구황식량이 될 것으로 판단하고 대마도에서 유입해오면서 확산되었다.

고구마

1) 고구마의 성분

고구마의 일반 성분은 수분이 71~77%, 탄수화물은 18~25%, 단백질이 0.6~1.4%로 글로불린globulin의 일종인 이포마인ipomain이 70%를 차지한다. 고구마에는 베타카로틴 β-carotene이라는 물질이 함유되어있어, 폐암 예방에 효과가 있다고 알려져 있다. 특히 고구마에 들어있는 섬유질은 식물성 섬유 중에서 콜레스테롤cholesterol 배출 능력이 가장 뛰어나다. 이 풍부한 섬유질은 배변 효과가 좋아 변비 예방에 도움이 된다.

2) 고구마의 사용과 저장

고구마의 저장 조건은 13℃, 습도는 85~90%가 적당하며 냉장을 할 필요는 없다. 우리나라에서 고구마는 간식, 주정 제조로 쓰이거나 전분으로 가공되고, 포도당·젖산·구연산 등의 제조 원료가 되기도 한다. 고구마의 저장 최적 온도는 12~13℃이다. 상처가 난 고구마는 부패되기 쉬우므로 보관에 주의한다.

3. 카사바

카사바^{cassava, tapioca}의 원산지는 남아메리카이다. 카사바는 콜럼버스의 신대륙 발견 이후 세계 각지로 전파되었다. 현재 재배 지역은 위도 남북 30° 이내이며, 기온 27~28℃의 고온 지역에서 자란다. 주된 생산국은 브라질, 태국, 인도네시아 등이다.

카사바

1) 카사바의 성분

카사바는 다른 서류에 비하여 단백질 함량이 크게 떨어지며 당질 함량이 많은 전분질 식품이다. 카사바 중에서 감미종은 고구마처럼 삶아서 식용하는데, 고구마에서 단맛을 제거한 듯한 맛이 난다.

2) 카사바의 사용

총 생산량의 약 95%가 식용되며 가축사료용, 의약품, 섬유공업용품의 재료로도 사용된다.

FOOD
MATERIALS

CHAPTER **5**

재료과학

밀가루

1. 밀의 제분

밀은 곡류 중 영양가와 소화율, 수율이 높아 이용 범위가 넓기 때문에 제분하여 사용한다. 밀의 껍질과 배아 부분을 제거하여 미세한 가루로 만드는 제분법은 롤 제분이다. 원료인 밀 대비 밀가루의 양은 70~75%를 목표로 하며, 원료나 제분의 규모, 방법, 목적에 따라 차이가 있다.

1) 제분 공정

밀의 제분 공정을 순서대로 정리하면 밀의 저장부터 포장까지 21개 공정으로 나누어진다.

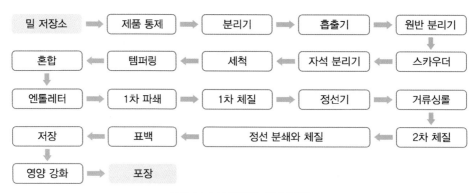

그림 5-1 **밀가루의 제분 공정**

① 밀 저장소에 사용할 밀을 종류별로 저장한다.

② 제밀의 특성을 조사하여 분류하고, 사용 목적에 따라 혼합비를 결정한다.

③ 분리기를 통해 불순물을 제거한다.

④ 흡출기를 통해 공기 흡입으로 가벼운 불순물을 제거한다.

⑤ 원반 분리기를 통해 밀알만 통과 분리시킨다.

⑥ 스카우더를 통해 밀알에 붙어있는 먼지, 불순물, 불균형 물질을 제거한다.

⑦ 자석 분리기를 통해 쇠붙이 등을 제거한다.

⑧ 물을 넣고 일어서 돌을 골라내고 세척한다.

⑨ 템퍼링tempering을 통해 파괴된 밀을 분리하고 내배유를 부드럽게 한다.

⑩ 혼합을 통해 특정 용도에 맞게 밀을 조합한다.

⑪ 엔톨레터entolator를 통해 파쇄기에 주입되는 부분의 부실한 밀을 제거한다.

⑫ 1차 파쇄를 통해 롤러로 밀을 파쇄하여 거친 입자를 형성한다.

⑬ 1차 체질에서는 체의 그물눈을 곱게 하여 밀가루를 얻고, 과피 부분은 별도의 정선기로 보내어 다시 분쇄하고 저급 밀가루와 사료로 분리한다.

⑭ 정선기를 통해 공기와 체 그물로 과피 부분을 분리하고 입자를 분류한다.

⑮ 거류싱롤을 통해 밀가루를 다시 분쇄하여 작은 입자로 만든다.

⑯ 2차 체질에서는 거친 입자 롤에 다시 분쇄하여 체질을 통해 배아와 밀가루를 분리한다.

⑰ 정선 분쇄와 체질을 한다.

⑱ 표백한다.

⑲ 저장한다.

⑳ 영양을 강화한다.

㉑ 포장한다.

2) 제분율과 용도

밀은 제분하면 밀가루는 소화가 잘되고 점성, 연성, 팽창이 커진다. 또 밀가루의 용도가 국수, 빵, 과자 등으로 다양해진다. 제분율은 밀에 대한 밀가루의 양, 분리율은 밀가루의 백분율을 말한다.

① 제분율　밀을 제분하여 밀가루를 만들 때 밀에 대한 밀가루의 양을 %로 나타낸 것이다(전밀가루: 100%, 전시용 밀가루: 80%, 일반용 밀가루: 72%).

② 분리율　분리된 밀가루 100을 기준하여 나타낸 특정 밀가루의 백분율을 말한다. 입자가 곱고 내배유 중심 부위가 많이 들어간 밀가루일수록 분리율이 낮다.

2. 밀가루의 종류

밀가루의 품질은 수분, 단백질, 회분, 입도, 색깔, 중량에 따라 달라진다. 밀은 파종 시기에 따라 봄밀과 겨울밀의 2가지로 나누어지며 이에 따라 밀가루의 품질도 다르다. 단백질 함량에 따라서는 강력분, 중력분, 박력분의 3가지로 나누어지며 용도별로 분류·사용된다. 밀가루를 계통적으로 분류하여 살펴보면 다음과 같다.

1) 밀가루 종류에 의한 분류

밀가루의 종류는 원료인 밀의 종류에 따라 품질이 달라지므로 용도에 적합한 원료 밀을 사용해야 한다. 원료 밀은 품종, 산지, 재배 시기, 기상 조건 등에 따라 다르며 밀가루의 성질에 좌우된다.

　밀가루는 밀 종자 입자의 색에 따라 적색 입자, 백색 입자, 호박색 입자의 3가지로 구분된다. 밀 입자의 경도에 따라서는 경질 입자, 준경질 입자, 연질 입자의 3가지로 구분된다. 밀의 입자가 단단한 경질밀로 만든 것이 제빵용 강력분이고, 단백질 함유량이 낮은 연질 밀로 만든 것이 제과용 박력분이다.

2) 밀가루 등급에 의한 분류

밀가루는 제분 공정에 따라 여러 가지 등급으로 분류된다. 밀가루는 순도부터 1등급, 2등급, 3등급, 말분으로 분류된다. 상위 등급일수록 회분 함유량이 적고 색깔이 깨끗하며, 하위 등급일수록 껍질 부분의 혼입이 많아 회분량이 증가하여 어두운색이 나타난다.

표 5-1 밀가루 종류와 특성과 성분 비교

종류	글루텐 양	글루텐 질	주로 사용하는 밀	단백질 양(%)	당질	지방	수분
강력분	많음	강함	• 미국산 → 다크, 노잔스프링 빵용 • 캐나다산 → 캐나다윈스타, 렛트 빵용 • 아르헨티나 빵용	11.5~13.5	71.4	1.8	14.5
중력분	중간	조금 부드러움	• 미국산 → 하트, 윈타 • 호주와 국내산 → 주로 면용	• 10~11 • 9~10.5	74.6	1.8	14
박력분	적음	약함	미국산 → 윈스타 화이트 양과자, 튀김	6.5~8	75.7	1.7	14
세몰리나	많음	부드러움	캐나다, 미국산 → 마카로니, 스파게티용	11.5~12.5			

3. 밀가루의 성분

밀가루의 성분은 전분, 단백질, 지방, 회분(광물질과 비타민), 섬유질, 수분, 색소물질, 효소의 8가지로 구성되어있다.

표 5-2 밀가루의 주성분

성분	함량	성분	함량
전분(%)	65~77	회분	0.4~1.5
단백질	7.0~15.0	섬유질	0.2~1.5
지방	0.6~2.0	수분	13.5~15.0

1) 영양소

밀가루는 쌀과 같이 열량원으로서 중요한 식품이다. 단백질 함량이 8~12%로 쌀보다 많으나 필수아미노산은 쌀보다 약간 적게 들어있다. 밀을 그대로 분쇄한 것을 통밀가루라 하는데 여기에 무기질, 비타민이 많이 함유되어있다.

(1) 단백질

밀가루의 단백질은 제과·제빵에 매우 중요하며 전분 함량과 질도 중요하다. 밀가루의 단백질은 약 85%의 글루텐을 형성할 수 있는 단백질인 글리아딘gliadin과 글루테닌glutenin, 그리고 약 15%의 글루텐 형성에 관여하지 않는 단백질들로 이루어져 있다. 밀 단백질의 용해성을 보면 글루텐을 형성하지 못하는 단백질인 글로불린globulin과 알부민albumin은 염Nacl 용액에, 글리아딘은 70%의 에탄올ethanol 용액에 그리고 글루테닌은 1%의 아세트산에 녹는다.

(2) 탄수화물

탄수화물은 광합성에 의해 탄산가스와 물로부터 만들어지는 단당류인 전분으로 구성되어있다. 이러한 탄수화물은 여러 가지 작용에서 중요한 에너지원이 밀가루 무게의 약 70%로 구성되어 제품의 골격을 이루게 한다. 그 밖에도 껍질에 셀룰로오스가 많이 들어있는데, 이는 약 3.5~4%의 함량을 보이는 검 종류로 주로 펜토산으로 구성되어 있다.

전분 입자를 물에 녹여 가열하면 56℃ 정도부터 물을 흡수하여 부풀기 시작한다. 85℃ 정도에서는 상당히 부풀고 전체가 반투명해지는데, 이 상태를 전분의 호화(2차)라고 한다.

(3) 지방

지방은 밀가루 무게의 1.5~2%가 포함되어있다.

(4) 광물질

광물질은 밀가루 무게의 1% 이하로 밀알의 매우 적은 부분을 차지하고 있다. 광물질인 회분ash이란 주로 인, 황, 칼륨, 칼슘 등을 말하는 것이다.

(5) 비타민

비타민은 주로 밀의 껍질 부분에 함유되어있어 제분 과정에서 대부분 제거된다. 밀의 배아 부분에는 상당한 양의 비타민 E가 포함되어있으나 글루텐을 약화시키는 환원능력이 강하여 반죽이 연하고 끈적해진다.

(6) 섬유질

섬유질은 밀가루 무게의 약 2.78%, 전밀가루에는 12.57%, 밀의 껍질 부분에는 42.65%가 포함되어있다.

(7) 색소물질

밀가루의 색소물질은 거의 모든 식물에 존재하는 카로티노이드 색소가 들어있어서 밀알의 색이 어둡고 노란색을 띠게 된다. 또한 크산토필xanthophyll이 들어있으며 쉽게 산화되어 표백제에 의해 무색으로 변화시킬 수 있다.

2) 효소와 효소 작용

밀가루에는 제빵에 필수적인 전분을 분해하는 두 가지 중요한 효소가 들어있다. 바로 α-아밀라아제와 β-아밀라아제이다.

(1) 전분 분해효소

   ① α-아밀라아제

     🧁 밀가루 중의 β 전분을 호화시켜 γ화시킨다.

     🧁 밀가루 중에는 α-아밀라아제가 많은 유기 푸드를 써서 전분의 γ화를 돕는 경우가 있다. 이것은 빵 부피를 늘리고 색을 좋게 하는 효과가 있다.

   ② β-아밀라아제

     🧁 호화전분을 당화시켜 맥아당을 분해한다.

     🧁 밀가루 전분의 비율은 '아밀라아제 : 아밀로펙틴＝1 : 4'로 구성되어있다. 호화전분 중의 아밀라아제에 대해서는 100% 맥아당이 된다.

(2) 단백질 분해효소

밀가루의 단백질은 빵, 과자의 탄력성과 신전성, 가스 보존력, 부피와 관련이 있다.

   ① 빵 반죽에 탄력성과 신장성을 주어 가스 보존력을 높여준다.

   ② 발아한 밀을 혼입하면 아밀라아제 효소가 강해지고 동시에 단백질 분해효소도 과속하게 되어 빵 반죽이 연화된다. 그 결과 빵의 색깔, 부피가 약해지는데 브롬산칼륨^{KBRO_3}을 쓰면 이러한 현상을 조금이나마 억제할 수 있다.

전분 분해효소, 단백질 분해효소에 대하여 주의할 점 ────────────●

- 하급 밀가루의 정도, 양 효소의 활성도는 크므로 당화효소의 사용량을 없애고 또는 단백 효소의 사용도 없앤다.
- 두 효소에 대해서는 제분회사가 제분할 때 조절하고 있으므로 일반적으로 걱정할 필요가 없다.

---

3) 전처리와 표백

(1) 전처리

전처리는 밀가루의 특성을 강화시키기 위한 방법이다. 주로 제분회사에서 밀의 제분 시 공정으로 첨가한다.

(2) 표백

표백은 밀가루의 어둡고 노란색을 제거하기 위한 방법으로, 주로 염소나 다른 산화제를 이용하여 희게 만든다.

4. 밀가루의 물리적 특성

밀가루의 물리적 특성은 글루텐의 형성, 글루텐 생성 조건, 반죽, 밀가루 흡수의 4가지에 따라 달라진다.

1) 글루텐의 형성

밀가루의 단백질로 형성되는 글루텐gluten은 글루테닌, 글리아딘의 2가지 형태로 존재하며 물을 넣고 반죽하는 것에 의해 얇은 막이 생성되는데, 이것이 바로 글루텐이다. 곡류 중 쌀, 대두, 대맥, 옥수수의 단백질은 끈적거림이 강하여 부피가 큰 빵을 만들지 못한다.

2) 글루텐 생성과 관계 있는 조건

(1) 반죽의 조건 및 방법

글루텐은 밀가루에 물을 넣고 이김으로써 생성할 수 있다. 생성 시 반죽 조건이나 방법 및 글루텐 성질이라는 3가지 조건에 의해 반죽의 결과가 달라진다.

① 반죽의 조건을 딱딱하게 하면 글루텐이 적어지고 반죽 탄력성도 떨어진다. 이때 글루텐의 연결이 일부 끊어지기 때문에 글루텐이 연약해진다.
② 보통 반죽하는 시간이 짧거나 온도가 낮으면 글루텐 생성이 부족해진다.
③ 단백질이 많은 밀가루일수록 완전히 팽윤하는 데 시간이 걸린다.

(2) 반죽의 방치

이긴 반죽을 그대로 방치해두면 팽윤한 단백질이 상호 연결되어 글루텐 생성을 빠르게 한다. 온도가 낮으면 글루텐 생성이 늦어진다.

(3) 물 이외의 원료

물 이외의 원료인 소금, 설탕, 유지, 달걀이 배합되면 글루텐의 생성 상태가 변한다.

① 소금   적은 양이라도 물에 대한 용해도를 감소시키기 때문에 글루텐이 딱딱해진다.
② 설탕   단백질 입자 표면의 수분을 보유하여 글루텐 생성이 늦어지게 한다.
③ 유지   단백질 입자 표면에 붙어 수분과의 접촉을 방해하여 글루텐 생성이 늦어지게 한다.
④ 달걀   유지와 거의 비슷하며 글루텐 생성이 늦어지게 한다.

3) 밀가루 반죽

밀가루의 반죽은 강력분, 박력분에 따라 글루텐 형성이 달라진다.

(1) 강력분

① 강력분은 단백질 함량(12% 이상)이 많아 글루텐의 탄력성, 힘·끈기, 팽팽하게 당기는 저항이 생기게 하려면 충분히 이겨야 한다. 이 물리적 성질을 힘·끈기라고 부른다. 이 성질이 바로 강력분과 박력분을 구분하는 차이가 된다.
② 만드는 제품에 따라 힘·끈기가 충분히 나오도록 이기는 경우도 있다. 힘·끈기가 나오지 않도록 가볍게 이기는 과자 반죽도 있다.

(2) 박력분

① 박력분은 단백질 함량(7~9%)이 적으며 글루텐이 나오지 않도록 가볍게 이겨야 한다. 케이크, 과자류를 만들 경우 글루텐이 나오지 않게 하기 위해 처음에 설탕, 유지, 달걀, 향료를 잘 섞은 후 마지막에 밀가루를 넣고 가볍게 섞는다.
② 낮은 온도에서 길게 이긴다든가, 반죽을 오래 방치하지 않는다.

밀가루를 사용하기 전에 체질을 하는 이유 ————————————●

• 밀가루에 공기를 불어 넣고 효모의 활력을 높이고 동시에 반죽의 산화를 시켜 반죽 팽창을 돕게 하기 위함이다. 특히 과자의 경우 산소가 핵의 역할을 하여 기포가 있는 좋은 제품이 만들어진다.
• 밀가루의 덩어리를 제거하고 이물질을 방지하기 위함이다.
• 밀가루 양을 재확인하기 위함이다.
• 재료들이 골고루 섞이고 분산되게 하기 위해서이다.

4) 밀가루의 흡수와 관계 있는 요인

밀가루는 종류, 등급에 따라 흡수율이 달라진다. 흡수율이란 일정 정도의 반죽(도우)을 만들기 위해 물을 어느 정도 넣어야 하는지를 나타낸다. 밀가루의 흡수와 관계되는 요인은 밀가루의 수분, 단백질의 양, 섬유질, 손상전분, 입도, 설탕과 소금 등 재료의 사용량이다.

① 밀가루의 수분이 14% 이하라면, 흡수를 늘린다(제분 시 13.5%, 저장 15% 정도).
② 밀가루 단백질 양이 많고 딱딱하다면, 흡수를 늘린다(제분 시 13.5%, 저장 15% 정도).
③ 하급 밀가루는 섬유질이 많으므로, 흡수를 늘린다(제분 시 13.5%, 저장 15% 정도).
④ 밀가루 중의 손상전분이 많을 경우, 흡수를 늘린다.
⑤ 입도가 적다면, 흡수를 늘린다.
⑥ 설탕, 유지, 달걀은 흡수를 감소시킨다.
⑦ 소금, 분유는 흡수를 증가시킨다.

밀가루 중의 손상전분

손상전분이 많을 경우 전분 입자의 표면에서 물의 흡수가 쉬워져서 전분 분해효소의 움직임이 활발해지고 전분이 빨리 당화 및 발효된다. 그 결과 반죽의 숙성과 합쳐져서 빵 제조에 실패할 수 있다.

---

5. 밀가루의 숙성과 저장

1) 숙성

(1) 제조 직후

밀가루 제조 직후에는 환원성 물질이 있으므로 글루텐이 부드럽다. 이때는 효소력이 강하여 반죽을 만들기에 부적절하며 pH가 6.0으로 높기 때문에 숙성이 필요하다.

(2) 공기 중에 수일간 방치 시

① 대기 중의 산소나 밀가루 중의 산소에 의해 환원성 물질이 산화에 의해 제거되면 글루텐 결합도가 높아진다. 이때 보수력이 좋아지며 글루텐이 수축되어 제빵성도 좋아진다.

② 이러한 현상을 에이징(aging, 밀가루가 어느 정도 산화되어 숙성되는 것)이라고 부른다.

2) 저장

(1) 저장 장소

밀가루에는 약 14%의 수분이 들어있어 저장 및 취급할 때 통풍, 습도, 온도 및 냄새에 유의해야 한다. 일반적으로 18~25℃의 온도와 55~65%의 습도를 가진 환경에서 석유와 같은 다른 냄새가 나지 않고 통풍이 잘되는 장소에 보관한다.

(2) 장기 저장 시

장기 저장 시에는 글루텐 신장성과 탄력성 감소, pH가 높아져 효소 작용 방해, 덩어리와 미생물이라는 3가지 변화가 발생한다.

① 장기 저장 시 반죽의 취급은 좋아지지만 산화가 과도하여 글루텐의 신장성이나 탄력성이 감소된다.

② 밀가루에는 소량의 지방이나 인산 유기화합물이 들어있어 이것들이 산화 및 분해되면 지방산과 인산을 만들기 때문에 산도pH가 높아져 글루텐이나 효소 작용에 나쁜 영향을 미친다.

③ 나쁜 맛, 나쁜 냄새가 생겨 빵맛이 나빠진다. 또한 공기 중의 수분을 흡수하여 밀가루가 덩어리지거나 미생물이 발생하게 된다.

6. 밀가루의 사용

1) 제과에 사용

밀가루는 과자의 형태를 만드는 데 꼭 필요한 소재이다. 과자를 만들 때는 박력분(단백질 함량 7~9%)을 사용한다. 밀가루에 글루텐 그물망 조직이 형성되면 과자가 터지기 쉽고 조직이 딱딱해지므로 제과 시에는 글루텐이 생기지 않도록 주의해야 한다. 달걀, 설탕, 밀가루, 버터를 모두 구우면 설탕과 버터는 열에 녹아 없어지지만 달걀과 밀가루는 남는다.

박력분은 스펀지케이크, 파운드케이크와 도넛, 파이, 케이크와 카스텔라 및 만두, 발효제품류라는 5가지 제품군에 사용된다.

① 스펀지케이크　단백질 함량이 7~9%인 박력분을 사용한다.
② 파운드케이크 및 도넛　단백질 함량이 10~11.5%인 중력분을 주로 사용한다.
③ 파이　단백질 함량이 10~11.5%인 중력분을 주로 사용한다.
④ 케이크, 카스텔라, 만두　단백질 함량이 7~9%인 박력분을 사용한다.
⑤ 발효제품류　단백질 함량이 12% 이상인 강력분을 사용한다.

2) 제빵에 사용

밀가루의 질은 빵의 품질에 중요한 영향을 미친다. 따라서 제빵 시에는 강력분(단백질 함량 12% 이상)을 사용하여 제품의 구조 형성, 뭉치는 작용, 제품의 부피, 색깔, 맛, 영양적인 가치를 높인다. 밀가루가 제빵에 미치는 영향을 살펴보면 다음과 같다.

① 제품의 구조와 뼈대를 형성　이를 위해 단백질 함량이 12% 이상인 강력분을 사용한다. 발효 시 생성된 가스를 보유할 수 있게 하는 글루텐의 형성 때문이다.
② 재료를 섞고 뭉치는 작용을 함　밀가루의 사용으로 반죽의 발전에 영향을 미치고 반죽에 소요되는 시간을 조절할 수 있게 된다.
③ 제품의 부피, 껍질, 속의 색, 맛에 영향을 줌　제품의 질을 유지시켜주는 효과가 있다.
④ 제품의 부피 조절　밀가루는 빵 제품의 부피 조절에도 관여한다.
⑤ 영양적인 가치 높임　밀가루는 구운 빵에 영양적 가치를 더해준다.

SECTION 02
설탕류

1. 설탕의 역사

설탕(영Sugar · 프Sucre · 독Zucker)의 역사를 살펴보면 인도에서 처음으로 사탕수수액의 고체 형태로 만들어졌다. 그 원료가 되는 사탕수수는 B.C. 2000년경 인도에서 이미 발견된 것으로 추측된다. 사탕무는 1800년경에 독일에서 재배되었다. 설탕은 나폴레옹이 1806년에 유럽 대륙을 봉쇄한 이후 유럽 대륙에 보급되었다.

2. 설탕의 원료

설탕의 주원료는 사탕수수(자당sugar cane)와 사탕무(비트sugar beet)의 2가지가 있으며 기타 원료는 단수수, 사탕야자, 메이플슈거, 스테비아의 4가지이다.

1) 사탕수수

사탕수수는 아열대 지방에서 자라며, 사탕수수sugar cane에서 설탕을 추출·정제할 수 있다. 이것을 자르고 압착했을 때 나오는 즙액에서 설탕을 제조한다. 설탕의 결정체를 원당raw sugar이라고 하며 대략 96~98%의 자당을 함유하고 있다.

사탕수수와 설탕

2) 사탕무

온대 지방에서 자라는 사탕무sugar beet에서 설탕을 추출·정제할 수 있다. 수분 약 80%, 설탕 성분 12~17%를 함유한 이것에서 설탕을 제조한다.

사탕무

3) 기타 원료

설탕의 기타 원료에는 단수수, 사탕야자, 메이플슈거, 스테비아의 4가지가 있다.

① 단수수sweet sorghum 설탕용·사료용으로 재배되는 것은 2가지이다. 당용은 설탕 제조용과 시럽 제조용으로 나누어진다.
② 사탕야자malaysago palm 사탕야자즙을 발효하여 야자술을 만들고 발효하기 전에 석회를 첨가하여 설탕을 만든다.
③ 메이플슈거(사탕단풍sugar maple) 사탕단풍나무의 수액을 오랫동안 끓이고 수분을 증발시켜 고체의 설탕이 남게 한 것으로, 일반 설탕의 당도보다 2배 달다.
④ 스테비아stevia 잎에 함유되어있는 감미 성분은 설탕의 당도보다 300배 정도 달다.

3. 설탕의 종류

설탕의 종류는 제조 공정, 정제된 정도, 색상, 가공 상태 등 4가지 조건에 따라 다양하다. 설탕은 크게 제조 공정과 방법에 의해 분밀당과 함밀당의 2가지로 나눌 수 있다.

1) 분밀당

분밀당은 원료에서 얻은 당액을 정제한 후 조려서 결정시키고 결정과 모액(당밀)을 분리한 것이다. 분밀당은 재배지에서 직접 제조된 정제당인 경지백당, 재용해하여 정

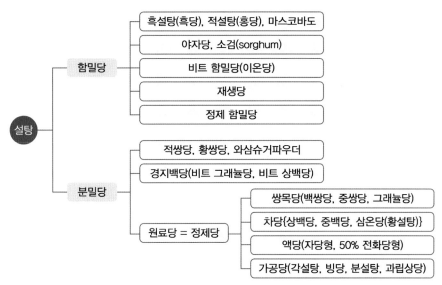

흑설탕(흑당), 적설탕(홍당), 마스코바도

야자당, 소검(sorghum)

비트 함밀당(이온당)

재생당

정제 함밀당

적쌍당, 황쌍당, 와삼슈거파우더

경지백당(비트 그래뉼당, 비트 상백당)

쌍목당(백쌍당, 중쌍당, 그래뉼당)

차당{상백당, 중백당, 삼온당(황설탕)}

액당(자당형, 50% 전화당형)

가공당(각설탕, 빙당, 분설탕, 과립상당)

함밀당

분밀당

설탕

원료당 = 정제당

그림 5-2 **설탕의 제조법에 따른 분류**

표 5-3 **설탕의 종류**

종류	당	전화당	회분	수분
그래뉼당	99.89	0.02	0.01	0.02
백쌍당	99.91	0.02	0.00~0.01	0.01
중쌍당	99.67	0.09	0.03	0.03
상백당	97.40	1.29	0.02	0.82
중백당	95.75	1.93	0.07	1.62
삼온당	94.95	2.13	0.18	1.65
각당	99.74	0.02	0.01	0.14
빙당	99.80	0.06	−	0.06
흑당	78~86	2.0~7.0	1.3~1.6	5.0~80
원료당	97.33	0.80	0.43	0.56
비트·그래뉼당	99.85	0.02	0.03	0.04

제당 제조에 사용되는 조당, 원료당을 다시 용해하여 제조한 정제당의 3가지로 분류된다. 정제당은 또다시 쌍목당과 차당의 2가지로 분류된다. 쌍목당은 고순도의 당액을 원료로 한 순도 높은 설탕이다. 결정이 커서 하트슈거라고도 부르는 이 당은 또다시 백쌍당, 중쌍당, 그래뉼당glanulated sugar으로 구분되고 대부분 자당이기 때문에 산뜻한 감미를 낸다. 원료에서 짜낸 당액을 끓여 결정을 만들고 원심분리하여 결정과 당밀을 나누어 만드는 설탕으로, 정제 과정을 걸쳐 액당과 그래뉼당이 되는 것이다. 제과

에 많이 사용되는 당은 그래뉼당, 상백당, 중백당, 삼온당의 4가지이다. 분밀당의 종류별 특징을 살펴보면 다음과 같다.

(1) 설탕(상백당)

설탕은 일반적으로 백설탕이라 불린다. 촉촉하게 젖은 상태이며 입자가 작다. 여러 가지 구운 과자, 각종 만주, 빵류를 만드는 데 사용한다.

(2) 그래뉼당

그래뉼당은 결정이 작고 설탕에 비해 무색에 가까우며 약간 까칠하고 순도가 높은 당이다. 뒷맛이 남지 않고 담백하여 달지 않은 것을 찾는 소비자의 취향에 맞는 과자를 만드는 데 사용한다. 그래뉼당은 설탕과 비교하면 가격이 비싸다.

(3) 슈거파우더

슈거파우더(분설탕, 粉砂糖)는 설탕과 그래뉼당을 분해하여 만든 가루설탕으로 입자에 따라 순수슈거파우더, 혼합슈거파우더의 2가지로 분류된다. 순수슈거파우더는 설탕만 입자화한 것이며, 혼합슈거파우더는 수분을 흡수하는 성질이 강하므로 약 3%의 전분, 1% 이하의 인산삼석회tricalcium phosphate를 섞어 수분 흡수를 방지하고 덩어리가 져서 단단해지는 것을 막는다. 주로 구운 과자 표면에 뿌리거나 공예 과자를 반죽하는 데 쓰인다. 케이크의 데커레이션을 위한 로열 아이싱icing에도 순수한 슈거파우더를 만들어 사용하는 경우가 많다.

(4) 전화당

전화당invert sugar은 일반적으로 설탕이 산이나 효소에 의해 처리될 때 자당으로부터 얻어지며, 주로 포도당과 과당의 2가지로 구성된다. 이러한 변화 과정에서 여러 종류의 전화당이 생산된다. 전화당은 수분을 흡수하는 능력이 강하여 제품 보존 기간이 길다. 완전 전화당이란 자당이 50%의 포도당과 50%의 과당으로 모두 변화된 상태를 말한다. 상업용으로는 50%의 자당이 25%의 포도당과 25%의 과당으로 되는 불완전 전화당을 많이 사용한다.

(5) 와삼슈거파우더

와삼슈거파우더(和三粉糖)는 일본 고유의 설탕으로 도쿠시마(德島)현과 가가와(香川)현에서 재배한 사탕수수로 만든다. 손으로 문질러 이겨서 수분을 압축 제거하는 조작을

몇 차례 반복하여 만든다. 일본의 특수한 전통적인 방법으로 만들어지는 고유의 설탕으로 생산량이 적어 가격이 매우 비싸다. 담백한 단맛이 특징으로 일본 과자를 만드는 데 중요하게 쓰인다. 주성분은 자당으로 전화당이나 회분도 비교적 많이 들어있다.

2) 함밀당

함밀당은 사탕수수액을 짜서 그대로 끓이고 조려 만드는 흑갈색의 설탕이다. 사탕수수액을 조리기만 하고 결정과 액체를 분리(분밀)하지 않은 것이다.

함밀당은 과당이나 미네랄을 많이 함유하고, 독특한 농후한 감미와 풍부한 맛을 지닌다. 이것을 가수분해하면 포도당과 과당의 혼합물인 전화당이 되고, 가열하면 190~200℃에서 흑갈색의 캐러멜이 된다.

함밀당의 종류는 흑설탕, 당밀, 황설탕의 3가지가 있으며 특징을 살펴보면 다음과 같다.

(1) 흑설탕

흑설탕은 사탕수수의 즙을 정제하지 않고 그대로 조린 흑갈색의 덩어리 설탕이다. 정제하지 않았기에 밀당(蜜糖), 무기질, 각종 비타민이 포함되어있다. 자당의 순도 80~87%로 그다지 높지 않지만, 감칠맛이 있고 농후한 풍미와 수분 보유량이 좋다.

(2) 당밀

당밀은 사탕수수의 농축액으로부터 설탕을 생산해낸 후의 나머지 물질들을 말한다. 당밀은 담황색의 투명한 점조액(粘稠液)이며 보통 수분 20~30%, 당분 60~70%, 회분(灰分) 5~10%, 유기 비당분 2~3%가 함유되어있다. 과자나 잼의 원료로 쓰거나 핫케이크 등에 발라먹기도 한다.

(3) 황설탕

황설탕(갈색당)은 당과 당밀의 혼합물로, 작은 입자의 자당을 당밀의 막으로 씌워서 만든다. 국내에서는 삼온당, 중백당 등 여러 가지 이름으로 불린다. 갈색당의 제품은 3~6%의 수분을 첨가하여 부드럽고 덩어리지는 것을 방지한다.

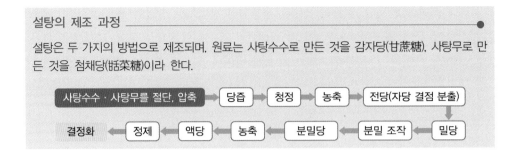

설탕의 제조 과정

설탕은 두 가지의 방법으로 제조되며, 원료는 사탕수수로 만든 것을 감자당(甘蔗糖), 사탕무로 만든 것을 첨채당(眈菜糖)이라 한다.

3) 기타 당류

기타 당류로는 꿀, 메이플슈거, 올리고당, 당알코올(솔비톨), 물엿의 5가지가 있다.

(1) 꿀

꿀은 인류 최초의 식품으로 약용, 사체(死體)의 방부제, 미라 제작, 과실의 보존 등에 사용되어왔다. 꿀에는 향과 보습성, 독특한 맛이 있어 굽는 과자를 만드는 데 사용한다. 꿀의 수분 함량은 17~18% 정도로 꿀을 설탕의 대용품으로 사용할 경우 다른 액체재료에서 수분을 18% 정도 감소시키면 된다. 향과 기능 등을 살펴볼 때 제과·제빵에 사용하기에는 클로버clover 꿀이 좋다.

(2) 메이플슈거

메이플슈거는 단풍나무의 과액을 모아 끓인 것으로 수분이 30% 전후로 포함된 액당(메이플시럽)과 수분을 9%로 결정시킨 것도 있다. 주성분은 자당으로 바닐린 등의 방향 성분과 사과산 등 유기산이 들어있다. 독특한 풍미를 지니며 설탕물을 끓인 액에 넣으면 메이플시럽이 된다. 메이플시럽은 핫케이크, 마들렌, 쿠키, 무스, 아이스크림 등에 첨가하여 풍미를 더한다.

(3) 올리고당

올리고당은 감미료로 활용된다. 설탕을 지닌 좋지 않이 올리고당에서는 나지 않는다. 감미도는 20~50%이다. 설탕의 주성분인 자당도 올리고당에 속한다. 효능으로는 비만 방지, 충치 예방, 정장작용 등이 있다. 채소, 버섯 등 자연계의 식품에 많이 들어있으나 자당, 전분 등의 당류에 효소를 작용시키는 것으로 공업적으로 생산되고 있다.

(4) 당알코올(솔비톨)

당알코올은 당류에 수소를 첨가하여 만드는 감미료로, 종래의 당류가 지니는 결점을 보완하여 가공성을 보다 높일 목적으로 개발되었다. 올리고당과 함께 신 감미료로 알려져 있는 에리스리톨 등의 당알코올이다. 1950년경에 포도당에서 만든 솔비톨이 공업 생산된 당알코올 1호이다.

감미도는 설탕과 거의 같으나 다른 것은 80% 이하의 저에너지이다. 저에너지(1g당 3kcal)를 가지고 있으며, 충치를 일으키기 쉬운 특성이 있다. 열이나 산에 강한 가공상의 특성을 지니고 있다.

(5) 물엿

물엿은 녹말이 산이나 효소의 작용에 분해되어 만들어진 반유동체의 감미물질이다. 녹말의 분해 산물인 포도당, 맥아당, 소당류, 그 밖의 덱스트린이 함께 혼합되어있는 상태로 분해 방법과 분해 정도에 따라 감미가 다르다.

설탕보다 감미도가 낮지만 점조성, 보습성이 뛰어나 감미제보다는 제품의 조직을 부드럽게 하려는 목적으로 많이 쓰인다. 물엿의 수분 함량은 50%이며 종류는 산당화 물엿과 맥아물엿의 2가지가 있다. 물엿의 종류는 산화당물엿, 맥아물엿, 효소당물엿의 3가지가 있다.

① 산화당물엿   캔디류나 잼을 만들 때 사용한다.
② 맥아물엿   엿기름(맥아)을 사용하여 만든 엿으로 캐러멜처럼 독특한 풍미를 살리는 과자류에 많이 쓰인다.
③ 효소당물엿   맥아당 함량이 높아 제과, 제빵, 캔디, 통조림 등에 폭넓게 쓰인다.

4. 설탕의 성분과 특성

1) 설탕의 주성분

설탕의 주성분은 자당(수크로오스^{saccharose})으로 성분의 80~99.5%를 차지하고 있다. 자당은 감미의 기준으로 이것을 1 또는 100으로 다른 당의 감미를 상대적으로 비교한다. 자당의 분자(분자식 $C_{12}H_{22}O_{11}$) 형태는 꿀이나 과실 안에 존재하는 포도당과 과당의 분자가 1개씩 물의 분자 1개를 빼내고 결합한 것이다. 당의 감미도는 자당(이성화당) 100, 전화당 130, 과당 120~150, 포도당 50~70, 맥아당 30~35, 유당 15 정도이다.

표 5-4 당의 감미도(15℃, 15% 용액)

종류	감미도	순위
자당	100	기준
이성화당	100	기준
과당	120~150(165~175)	1
포도당	50~70(70~75)	3
유당	16~28(15)	6
맥아당	33~60(30~35)	4
전화당	80~130(130)	2
물엿	30 전후(45)	5

2) 설탕의 가공상 특성

설탕의 가공 특성으로는 감미성, 용해성, 수용성, 캐러멜화, 결정성, 흡습성, 방부성, 노화방지력, 침투성, 점성, 전화당 생성, 발효성, 점착성, 착색성의 14가지가 있다. 순수한 설탕의 성상은 무색의 결정이고 비중 1.56, 융점 160℃이며 용해도는 0℃에서 64.2%, 50℃에서 72.3%, 100℃에서 83.0%이다.

(1) 감미성

감미성은 감미를 부여하며 맛을 조정한다. 진한 맛을 부여하고 쓴맛, 신맛과 조화시킨다.

(2) 용해성

용해성은 용해도가 67%로 크고 20℃에서 포도당은 50%, 맥아당은 44%로 비교적 높다. 온도에 의한 용해도의 변화가 적다.

(3) 수용성

수용성은 보수력에 의한 이수를 방지하고 노화를 방지하며 전분 식품의 부드러움을 유지할 수 있다.

(4) 캐러멜화

캐러멜화는 설탕을 고온에서 가열하면 분해·착색되어 나타난다. 이 착색 물질이 바로 캐러멜로 당의 종류에 따라서 착색도는 달라진다. 과자의 색을 짙게 하여 외관을 보기 좋게 하기 위해 설탕, 포도당, 전화당, 꿀 등 착색의 차이를 응용한 예이다.

(5) 결정성

설탕은 비교적 결정되기 쉬운 결정성을 가지고 있고, 결정 추출로 식품을 경화시킨다. 각설탕은 이 성질을 이용해 만든 것으로, 다수의 과자 역시 이러한 성질을 이용해 만든다. 한 번 녹은 설탕에는 재결정이 생기는데 이것을 '샤리'라고 한다. 설탕의 재결정을 방지하기 위해서는 전화당이나 물엿을 넣어야 한다.

(6) 흡습성

흡습성은 설탕이 온도 25℃, 습도 77.4% 이상이 되면 자당이 습기를 흡수하는 것이다. 수분을 함유한 설탕을 낮은 온도에 두면 습기가 손실되며 높은 온도에 두면 빠른 흡습성을 나타낸다. 설탕에 포도당이나 물엿, 꿀 등을 넣으면 흡습성이 증가한다. 머랭, 크림의 거품을 지니게 한다.

(7) 방부성

설탕의 진한 용액은 방부 작용을 하는데 이를 방부성이라고 한다. 전화당과 포도당을 첨가하면 이러한 작용이 더욱 강해진다. 가당연유와 잼은 설탕의 방부성을 이용한 식품이다. 방부성은 과자 조직 중에 물을 속박하는 힘이 강하기 때문에 일어난다.

(8) 노화방지력

호화된 녹말에 설탕을 넣으면 노화가 되는 것을 어느 정도 방지할 수 있는데, 이를 노화방지력이라고 한다.

(9) 침투성

침투성은 설탕의 분자량과 관계가 있다. 이 성질은 당의 종류에 따라 차이가 나며 수분 활성을 줄여 부패를 방지한다.

(10) 점성

점성(젤리화)은 과실이나 과즙에 설탕을 넣었을 때 겔화되어 젤리 상태가 되는 것을 말한다. 이 현상은 과실에 들어있는 펙틴과 유기산이 작용하여 생기는데, 당 농도가 45~50% 이상 필요하고 젤리화가 가능한 범위에서 농도가 높을수록 젤리의 강도가 세진다. 이 성질은 펙틴의 젤리화를 돕고 몸체를 부여한다.

(11) 분해에 의한 전화당의 생성

분해에 의한 전화당의 생성을 살펴보면, 설탕은 포도당과 과당으로 나누어지는 2과당류로 극히 그대로 안정되어있는 것을 분해시켜 만들어낸다. 설탕용액에 산을 넣거나, 효소(인벌타제invertase)를 작용시키면 가수분해가 일어나 동량의 포도당과 과당이 생성된다. 이 가수분해를 전화라고 하는데 전화당의 종류로는 환원당이 있고, 이는 설탕과 여러 가지 면에서 다르다.

(12) 발효성

발효성은 발효를 촉진하고 억제, 텍스처를 개선시키는 성질이다.

(13) 점착성

점착성은 단백질, 아미노산과 반응하여 고소한 향기를 내거나 구운 듯한 색을 표현하는 성질이다.

(14) 착색성

착색성은 단백질이나 아미노산과 반응해 향기나 구운 듯한 색을 표현하는 성질이다. 맥아당과 덱스트린의 혼합물을 끓이고 조려서 수분 14~17%로 한 것이다.

5. 설탕의 사용

1) 제빵에 사용

설탕을 제빵에 사용하는 이유는 단맛 부여, 껍질색 부여, 이스트의 영양원, 전분의 노화 방지, 유지의 산화 방지, 발효 촉진, 제품의 품질 향상, 무게 증가라는 8가지 역할을 하기 때문이다.

① 단맛을 부여 빵에 단맛을 부여한다.
② 껍질에 색 부여 캐러멜 작용과 메일라드 반응을 이용하여 껍질에 색깔을 입힌다.
③ 이스트의 영양원 설탕은 이스트의 발효 영양원이 된다. 밀가루 중에 있는 소량의 당분은 아밀라아제 효소의 활동에 의해 소량의 맥아당을 만드는데, 이것만으로는 불충분하기 때문에 설탕을 첨가한다.
④ 전분 노화 방지 설탕의 흡습성으로 밀가루 전분의 노화를 방지할 수 있다.
⑤ 유지 산화 방지 설탕은 유지의 산화를 방지하여 제품의 수명을 연장시킨다.
⑥ 발효 촉진 당분은 발효를 촉진한다. 이로 인해 빵의 부피가 커지고 풍미도 좋아진다.
⑦ 제품 품질 향상 설탕은 제품의 속질을 향상시킨다.
⑧ 무게 증가 설탕은 반죽의 무게를 증가시킨다.

2) 제과에 사용

설탕은 제품에 단맛을 주고 거품을 안정시키거나 다음 재료를 연결해주는 재료이다. 스펀지 반죽에 설탕을 흰자에 녹여 거품을 올리면 머랭이 안정되며 부푼 반죽이 나온다. 과자를 구울 때 나는 맛있는 냄새는 타기 쉬운 설탕의 성질에서 나오는 것이다. 설탕은 과자를 만드는 데 빼놓을 수 없는 중요한 재료이다.

설탕을 제과에 이용하는 이유는 단맛 부여, 껍질색 부여, 수분흡수력 증가, 기포생성력과 보존력 증가, 전분 노화 방지, 유지의 크림화, 기포의 안정, 제품 품질 향상, 제품의 부드러움, 기포 및 부피 증가, 무게 증가라는 11가지 효과를 내기 때문이다.

① 단맛을 부여 과자의 단맛을 낸다.
② 껍질에 색깔 부여 캐러멜화와 메일라드 반응에 의해 껍질에 색깔을 낸다.

③ 수분흡수력 증가   설탕이 수분의 흡수력을 증가시켜 제품을 부드럽게 하며 수명을 연장한다.
④ 기포생성력과 보존력 증가   기포의 생성력과 보존력을 증가시키고, 제품의 부피 변화에 직접적으로 영향을 준다.
⑤ 전분 노화 방지   설탕의 흡습성으로 인해 밀가루 전분의 노화를 방지한다.
⑥ 유지의 크림화   유지를 크림화시키고 기포 생성에 관여하여 제품의 팽창에 영향을 준다.
⑦ 기포의 안정   생성된 기포의 보존능력을 좋게 하고 기포에 안정성을 준다.
⑧ 제품 품질 향상   제품의 속질을 향상시킨다.
⑨ 제품을 부드럽게 함   글루텐을 형성하는 단백질이 물을 흡수하기 전에 경쟁적으로 수분을 감소시켜 글루텐의 형성을 줄여 제품을 부드럽게 만든다.
⑩ 기포 및 부피 증가   기포를 최대한 증가시키고 제품의 부피를 키워서 부드럽게 한다.
⑪ 무게 증가   반죽의 무게를 증가시킨다.

3) 식품의 기능

설탕은 크게 식품용과 의약품용의 2가지로 사용된다.

① 식품용   조미료·기호품·보존제 등으로 사용된다.
② 의약품용   내복약 교미제(矯味劑), 당의(糖衣), 내·외용약, 주사액의 희석제로 사용된다.

4) 설탕의 보관

설탕은 공기가 통하지 않는 밀봉된 용기에 넣어 서늘한 곳에 보관하면 좋다. 설탕은 다른 냄새를 잘 흡수하기 때문에 생선, 비누, 화장품, 된장, 페인트 등 냄새가 강한 물건 옆에 두지 말고, 바람이 잘 통하는 곳에 놓아야 한다.

SECTION 03

유지류

유지^{fats}(油脂)는 식물의 종자나 동물의 조직에 축적되어있는 성분을 말한다. 다시 말해 유지는 상온에서 액체인 기름^{oils}(油)과 고체 상태인 지방^{fats}(脂肪)을 총칭하는 말이다. 과학적으로 만든 것은 지방산과 글리세린의 2가지가 결합된 에스테르이다.

유지는 생체조직의 구성과 성장에 필요한 에너지를 공급하는 중요한 영양소이다. 이것은 식용, 화장품 제조용, 기계용의 3가지로 사용되며 식품 중에서는 향미, 색소, 비타민 등의 용매 역할을 한다. 식품의 향미와 조직감에 큰 영향을 미치는 식품이다.

1. 유지의 종류

유지는 크게 동물성 유지와 식물성 유지의 2가지로 나누어진다.

그림 5-3 **유지의 분류**

건성유, 반건성유, 불건성유 ────────────────────────────────────●
- 건성유: 공기 중에 산화, 고화하기 쉬운 유지. 도료용(칠용), 공업용
- 반건성유: 건성유와 불건성유의 중간적 성질. 식용
- 불건성유: 고화하기 어려운 성질. 화장품의 원료

1) 식물성 유지

식물성 유지의 종류로는 참깨유, 들깨유, 유채유, 해바라기유, 땅콩유, 목화유, 올리브유, 옥수수유, 미강유, 코코넛유, 팜유, 카카오유, 잇꽃유, 대두유, 소맥유, 야자유의 16가지가 있다.

(1) 참깨유

참깨는 유지 작물 중에서 가장 오래된 것으로, 인도 부근이 원산지이다. 풍미와 방향성이 좋고, 비타민 E를 다량 함유하고 있으며 산화 안정성이 가장 뛰어나다. 저장성도 동물성 지방보다 좋다.

(2) 들깨유

들깨의 원산지는 인도, 중국 등이다. 우리나라에서는 참기름 대용이나 튀김용으로, 외국에서는 공업용으로 사용된다.

(3) 유채유

유채의 원산지는 스칸디나비아 반도에서부터 시베리아 및 코카서스 지방에 걸친 지역이다. 평지 종자를 짜서 평지유를 만든다. 유채유는 포화지방산이 낮으며, 리놀렌산과 올레인산이 많다. 담백한 풍미가 있으며, 열에 강하고 산화가 되지 않아 튀김이나 샐러드에 이용하기 좋다. 유채의 어린잎과 줄기는 식용 및 사료, 종실에서 착유한 기름은 샐러드유, 튀김유, 마가린이나 과자 제조 및 의약용, 공업용 윤활유 등으로 사용된다.

(4) 해바라기유

해바라기의 원산지는 북아메리카 대륙이다. 종자가 식용 및 착유용, 간식용으로 이용된다. 해바라기유를 샐러드에 이용하거나 쇼트닝, 마가린, 비누, 양초, 페인트 등 공업용 원료로도 사용한다. 유지에서 냄새가 나지 않으며, 담백한 맛이 좋다. 리놀레산, 비타민 E도 다량 함유된 건강식품이다.

(5) 땅콩유

땅콩은 세계 생산량은 인도가 30%, 중국이 18%로 두 나라에서 세계 식용 유지의 1/5을 공급한다. 땅콩유는 특유한 맛과 향기가 있어 샐러드용, 튀김용 기름, 마가린 등의 원료로 사용된다. 공업용으로는 고급 비누나 윤활유 등의 제조에 사용된다.

(6) 목화유

목화의 원산지는 인도로, 목화에서 면을 딴 후 종자의 핵을 짜서 얻는다. 식용하는 기름 중에서 고급유에 속한다. 목화유(면실유)는 독특한 풍미가 있고 안정성이 우수하다. 리놀산 함유량이 많아 샐러드유로 사용되거나 볶음요리, 특히 중화요리에 사용된다. 통조림의 기름으로 쓰거나 마가린, 쇼트닝 제조에 사용된다. 생장 저해물질이자 유독물질인 고시폴^{gossypol}이 들어있어 정제 시 주의가 필요하다.

(7) 올리브유

올리브는 오랜 옛날부터 재배·이용한 작물이다. 생산량은 이탈리아와 스페인이 각각 24%, 그리스가 17%를 차지하고 있다. 올리브유에는 올레산이 65~85%로 특이하게 많이 들어있다. 포화지방산으로는 팔미트산이 많으며, 요오드값은 77~95이다. 리놀레산이 적어 산화에 안정적이다. 주로 샐러드유로 사용된다.

(8) 옥수수유

옥수수의 원산지는 남아메리카 북부의 안데스산맥, 멕시코로 추정된다. 옥수수에서 전분을 추출하고 난 후 배아에서 추출한다. 산화 안정성, 가열 안정성, 보관성이 매우 우수하며 풍미가 안정되어있다. 발연점 저하가 낮고 적당량의 리놀레산이 들어있다. 튀김, 샐러드유, 마요네즈, 마가린 제조에 쓰인다.

(9) 미강유

쌀의 원산지는 동남아시아로 추정된다. 쌀에는 약 6%의 겨가 들어있고, 겨에는 지방질이 약 15~20% 들어있다. 미강은 변패되기 쉬운데, 주로 과자의 튀김유로 많이 사용된다.

(10) 코코넛유

코코넛은 인도·인도네시아·필리핀·말레이시아·남태평양 등 열대지방에서 대부분이 생산된다. 코코넛유의 종류로는 코프라로부터 짜낸 것, 과피로부터 짜낸 것, 코코넛핵으로부터 짜낸 것의 3가지가 있다. 코코넛유는 쇼트닝이나 마가린 제조, 튀김용 등으로 쓰이며 비누 등 세제를 만드는 데도 사용된다.

(11) 팜유

오일팜(기름야자)은 코코넛팜과 함께 세계적으로 중요한 유지용 수목이다. 라면, 튀김유, 마가린이나 육제품 등 여러 곳에 가공유가 이용되고 있다. 대두유와 함께 세계 2대 유지로 꼽힌다.

(12) 카카오유

카카오의 원산지는 남아메리카로 카카오열매에 약 55%의 지방질이 들어있으며, 이것을 압착하여 얻은 것이 바로 카카오버터이다. 제과류를 피복하면 상온에서 딱딱하나 입안의 체온에서는 쉽게 녹으며, 불포화지방산이 적어 산화 안정성이 높다.

(13) 잇꽃유

잇꽃의 원산지는 동남아시아이다. 기름에는 리놀레산 78%, 올레산 13%, 스테아르산 3%, 팔미트산 6%가 들어있어 조성이 단순하며 산화에 불안정하여 산패되기 쉽다. 마가린, 샐러드, 조리 등에 쓰인다.

(14) 대두유

대두의 원산지는 동북아시아이다. 대두유는 대두의 종자에서 얻으며, 세계에서 가장 생산량이 많은 기름이다. 평지유, 옥수수유 등의 기름과 조합해서 샐러드유나 튀김유로 사용한다. 리놀렌산 함유율이 높으며, 마가린 및 쇼트닝 제조에도 이용된다.

(15) 소맥유

밀의 원산지는 아프가니스탄이나 캅카스로, 밀 한 알에 들어있는 3%의 배아를 짜서 만든다. 밀 배아에 들어있는 비타민 E는 생리적 효과가 높으며, 리놀레산도 다량 함유되어있다.

(16) 야자유

야자의 원산지는 동남아시아, 카리브해이다. 야자의 과실 내 배유를 건조시킨 것을 짜서 만든다. 담백한 풍미가 있어 과자 장식에 사용되거나 커피의 크림, 냉과자용으로도 쓰인다.

표 5-5 식물성 재료의 유지 함량

유지 자원	유지(%)	유지 자원	유지(%)
대두	16~20	참깨	55~56
땅콩	40~50	들깨	40~45
유채	38~45	올리브	40~60
미강	20 이상	면실	28~40
해바라기씨	45~55	팜	33~37
잇꽃씨	39~40	팜핵	30~40
옥배아	20~30	코코넛	30~40

2) 동물성 유지

동물성 유지의 종류로는 버터, 마가린, 쇼트닝, 라드 등이 있다.

(1) 버터

① 역사   기원이 B.C. 3000년경의 바빌로니아라는 설, 고대 인도 신화에 등장하는 우유를 교반(攪拌)하여 만들었다고 하는 두 가지 설이 전해진다.

② 제조법   우유 중의 지방을 분리하여 크림을 만들고, 이것을 세게 저어 엉키게 한 다음 응고시킨다. 먼저 우유를 크림 분리기에 걸어 원심력으로 비중이 가벼운 우유 지방을 주로 함유하는 크림을 분리한다. 이 크림에는 30~40%의 우유 지방분이 함유되어있다. 크림을 살균한 후 보통 5℃ 정도로 냉각하여 하룻밤 숙성시킨다. 이것을 천이라는 장치에 넣어 과격하게 교반하면 지방 입자가 서로 충돌하여 육안으로 볼 수 있는 입자 크기로 성장하여 수분과 분리된다. 이때 얻는 지방 덩어리를 버터 입자, 수분을 버터 우유라고 한다.

③ 종류   천연 버터와 인공 버터의 2가지가 있다. 천연 버터로는 젖산균을 넣어 발효시킨 발효버터sour butter와 젖산균을 넣지 않고 먼저와 같이 숙성시킨 감성버터sweet butter가 있다. 미국·유럽은 발효 버터, 한국·일본은 감성 버터를 주로 사용한다. 버터에 소금을 넣은 가염 버터와 소금을 넣지 않은 무염 버터도 있다. 무염 버터는 보존성이 짧고 제과 원료나 조리용으로 이용된다. 신장병 환자를 위한 특수 용도에도 적합하다. 인공 버터는 천연 버터에 다른 지방을 혼합하여 만든 인위적인 버터이다.

④ 성분 및 영양가   버터의 조성 성분은 지방 81%, 수분 16%, 무기질 2%, 소금 1.5~1.8%, 단백질 0.2~0.5%, 유당 0.1%이다. 100g당 열량은 721kcal이다.

⑤ 보관   -5~0℃의 저온에서 직사광선을 피해 깨끗한 장소에 보관한다.

(2) 마가린

마가린은 버터와 비교해서 가격이 저렴하여 다양한 상품이 개발 및 판매되고 있다. 버터와 비교할 때 맛은 떨어지나 가소성, 가공성이 좋다.

① 역사   나폴레옹 3세 때 버터의 대용으로 프랑스의 화학자 이폴리트 메주 유리에 Hippolyte Mège-Mouriès(1880)가 소의 기름에 우유를 넣고 만든 것이 시초이다. 그리스어로 '진주'라는 의미이다.

② 원료   유지 함량이 90%이며 탈지분유는 17~18%, 소금은 1.5~3%이다.

③ 제조법   동·식물성 유지, 경화유를 주원료로 하여 소금(업무용에는 무염), 유제품, 착색료, 향료, 유화제, 보존료, 산화방지제, 비타민류의 8가지를 넣고 제조한 전수 첨형의 것과 브랜드형의 2가지로 나누어진다.

④ 종류   업무용, 과자용, 가정용, 데니시용의 4가지로 나누어진다. 데니시용 마가린은 반죽에 있는 유지층 속의 수분 팽창으로 인해 제품이 완성되므로 융점이 높다.

⑤ 성분 및 영양가   성분은 유지 함량이 80% 이상, 살균된 탈지분유가 17~18%이다. 100g당 열량이 721kcal이다.

⑥ 보관   −5~0℃의 저온에서 직사광선을 피해 깨끗한 장소에 보관한다.

(3) 쇼트닝

쇼트닝은 돼지기름으로 만든 라드의 대용품으로, 유지류 중 특히 쇼트닝성과 가연성의 2가지가 우수하다.

① 역사   20세기 초에 미국에서 개발되었다.

② 원료   정제한 동식물성 유지이다.

③ 제조법   정제한 동·식물성 유지를 혼합하여 만든다.

④ 종류   업무용, 튀김용이 있다.

⑤ 사용온도   10℃가 좋다.

⑥ 성분 및 영양가   성분은 유지 함량이 100%, 수분은 0%이다. 쇼트닝 100g당 열량은 721kcal이다.

⑦ 보관   −5~0℃의 저온에서 직사광선을 피한 깨끗한 장소에 보관한다.

⑧ 사용 효과   빵의 부피를 키워준다. 내성이 균일 섬세하고 껍질을 얇게 한다. 환원성이 있으며 빵이 부드럽고 먹기 쉬워진다. 맛과 빵 및 과자의 광택을 더해준다.

⑨ 사용 적량   사용량은 4~6%가 좋으며 단백질이 많은 가루나 딱딱한 가루는 증

량한다. 6% 이상은 반죽의 기포벽이 두껍게 되어 빵 조직이 거칠어지므로 사용 효과가 낮아진다.

⑩ **발효 온도와 융점의 관계** 발효 온도는 35~38℃로 융점이 높으면 빵 용적이 작고 내상이 굵게 되고 먹기가 나쁘다. 융점은 발효실 온도보다 3℃ 높은 것이 좋다. 굽기 초기 단계에 쇼트닝이 녹으면 전분의 호화로 빵의 골격 형성을 유지할 수 없다.

⑪ **특성** 무미·무색·무취로 가연성, 크림성, 유화성, 안정성, 아이싱성의 5가지 특성을 갖는다.

🧁 가연성: 점토와 같은 성질로 힘을 주었을 때 그 고형이 변성하여 힘을 빼도 그 변성이 원래로 돌아오지 않는 고체의 성질이다. 쇼트닝은 반죽에 섞었을 때 당분이나 분유 등에 영향을 주어 굳지 않게 하고 반죽 내에 자유롭게 골고루 분산되는 성질이 있다. 반죽에 쇼트닝이 균일하게 퍼져 있으면 빵을 구웠을 때 전분을 골고루 싸서 식감이 좋고 부피가 커진다. 가연성의 효과는 반죽의 신전성이 좋고 빵 부피가 크게 만든다. 반죽이 처지는 것을 방지해 기계 내성을 돕는다. 탄력성을 늘리고 빵의 식감을 좋게 하며 껍질 내상을 부드럽게(소프트) 만든다. 또 수분 증발을 방지하여 구운 후 전분 글루텐이 수분 이동을 방지하여 노화를 늦추고 보존성을 좋게 한다.

🧁 크림성: 공기를 많이 포집하는 성질이 있다. 크림성의 효과는 포기성은 CO_2의 분산을 방지하여 빵의 부피를 크게 한다. 포집성이 좋으면 글루텐 결합력이 좋아져 반죽의 신전성과 그물망 조직을 발전시킨다. 평균적인 기포 구성이 되어 내상도 좋아지며 불의 통합이 좋게 되어 부드럽고 맛이 좋아진다.

🧁 유화성: 물과 기름이 섞이게 하는 성질로 반죽 중에 전체로 분산되는 성질이다. 유화성의 효과는 가연성과 같은 성질이다.

🧁 안정성: 빵, 과자, 식품에 사용할 경우 풍미를 해치지 않는 성질이다. 저장 중에 산패하지 않아야 한다. 좋은 저장 온도는 10~20℃ 정도이다. 수개월간 저장할 때는 2~5℃의 건조한 곳에 두는 것이 좋다.

🧁 아이싱성: 아이싱icing은 케이크의 장식적인 효과를 낼 때 사용한다. 또한 빵의 건조를 방지하며 글루텐, 전분을 싸서 노화를 방지하는 성질이 있다.

(4) 라드

라드lard는 정제된 돼지고기의 지방으로 접지용 유지로 사용되는데 안정성이 좋지 않다. 현재는 쇼트닝이 대용으로 쓰인다. 중국요리나 과자 등을 제외하면 제과용으로는 거의 사용되지 않는다.

① 역사　돼지기름으로 개발되었다.

② 원료　정제된 돼지고기의 지방 유지이다.

③ 제조법　솥을 사용해 120℃ 전후로 쪄서 만든다.

④ 종류　업무용, 튀김용, 가정용이 있다.

⑤ 성분　유지 함량이 95%, 수분은 0%이다.

⑥ 보관　−5~0℃의 저온에서 직사광선을 피한 깨끗한 장소에 보관한다.

⑦ 장단점　풍미가 좋고 고소한 향과 점조성(밀도성)이 있어 중국요리에 많이 쓰인다. 다만 여름에 연화되기 쉽고 유화성과 크림성이 없어 다른 유지와 혼합하여 보완해주어야 한다. 융점은 24~40℃이다.

2. 유지의 분석

유지를 분석할 때는 불포화도, 지방고형질 계수, 산패의 3가지를 살펴본다. 유지의 화학적 성질에 대한 특성값으로는 요오드값, 비누홧값, 라이헤르트마이슬가, 산가, 과산화물가, 카르보닐가, 아세틸가의 7가지가 있다.

1) 불포화도

유지에는 약 95%의 지방산이 함유되어있으며, 이들 지방산의 상태(포화도)에 따라 유지의 성격에 차이가 생긴다.

2) 지방고형질 계수

특정 온도에서 고체 지방과 액체 지방의 성분 비율은 유지의 되기의 측정 기준이 되며, 지방고형질 계수는 유지의 가소성을 말한다. 고체 쇼트닝은 약 20~30%의 고체 지방과 70~80%의 액체 지방으로 되어있다.

3) 산패

유지는 공기와의 접촉으로 산화되며, 제품에 나쁜 냄새를 제품에 준다. 유지의 산패 원인은 가수분해, 열, 산소, 수분, 빛, 금속성 성분의 6가지이다.

표 5–6 유지의 화학적 성질에 대한 특성값

명칭	목적	설명·측정법	비고
요오드값 (Iodine Value)	불포화지방산의 양 (이중결합의 수)	유지 100g에 결합한 요오드의 g수	• 비건성유 100 이하 • 반건성유 100~130 • 건성유 130 이상
비누홧값 (Saponification Value)	비누화 결과 생성되는 유리지방산의 양	유지 1g을 비누화하여 쓰이는 수산화칼륨(KOH)의 mg수	분자량이 작은 유지(야자유, 팜유)는 비누홧값이 크다.
라이헤르트 마이슬가 (Reichert-meissel Value)	휘발성·수용성 지방산의 양(C_4C_6 지방산의 존재 여부 척도)	유지 5g을 분해하여 생성하는 수용성, 휘발성 지방산(C_4C_6)을 중화하는 데 필요한 0.1N–KOH의 mL수	• 보통의 유지는 0.1 이하 • 버터는 26~32 • 야자유는 5~9 • 버터의 위조 검증에 이용
산가 (Acid Value)	유지 중의 유리 지방산 양	유지 1g에 섞여있는 유리 지방산을 중화하는 데 필요한 KOH의 mg수	정제된 신선한 유지는 0.1 이하. 산가가 큰 유지는 식용에 적합하지 않다.
과산화물가 (Peroxide Value)	유지의 초기 산패도	유지 1kg에 들어있는 과산화물의 함유량 측정	과산화물가가 큰 유지 또는 가공식품에는 독성이 있다.
카르보닐가 (Carbony Value)	유지의 과산화물 분해에 따른 카르보닐 화합물의 양	유지 1kg에 들어있는 카르보닐($>C=O$)화합물의 함유량 측정	카르보닐가가 증가하면 유지의 향과 맛이 떨어진다.
아세틸가 (Acety Value)	유지 속에 존재하는 유지 수산기(–OH)의 양	아세틸(–COCH$_3$)화한 유지 1g을 비누화하여 유리하는 아세트산을 중화하는 데 필요한 KOH의 mg수	–

3. 유지의 특성

유지의 특성은 가연성, 쇼트닝성, 크림성, 피막성, 맛의 향상, 튀김성, 안정성, 유화성의 8가지이다.

1) 가연성

가연성은 점토와 같이 모양을 자유롭게 변화시킬 수 있는 성질로, 유지하는 온도 범위를 가연성 범위라 한다. 쇼트닝은 가연성 범위가 가장 넓기 때문에 반죽 접지에 적합하다.

2) 쇼트닝성

쇼트닝성은 제품이 바삭바삭하게 부서지기 쉬운 성질로, 입에서 씹히고 녹는 식감을 쇼트 네트라고 부른다. 파이 반죽의 층을 형성한다.

3) 크림성

크림성은 반죽의 혼합 공정에서 유지의 기포를 포집하는 성질로, 포집량을 유지에 대한 비율(%)을 크림성가라고 한다.

4) 피막성

피막성은 식품의 세균 오염, 수분 손실 흡습 등을 방지 작용을 하는 성질이다. 보존성을 향상하는 역할로 이형제로 사용된다.

5) 맛의 향상

유지는 제품의 맛을 향상시키고 영양가와 농후한 풍미를 주며, 조직을 부드럽게 하고 식감을 좋게 한다.

6) 튀김성

튀김성은 튀기는 동안 풍미, 기름의 흡수량(흡수율) 외관에 있어 발연점, 산화 안정성을 띠는 성질이다. 제품의 저장성을 좋게 하는 데 뛰어난 기름을 튀김성이 좋은 기름이라고 한다.

7) 안정성

안정성은 변패하기 어려운 성질을 말한다.

8) 유화성

유화성은 계란, 설탕, 밀가루 등을 잘 섞이게 하는 성질로 버터케이크나 슈크림의 껍질 등을 만드는 데 이용한다.

4. 유지의 사용

1) 제과·제빵의 사용 목적

유지가 제과·제빵에 사용되는 목적은 오븐팽창, 쇼트네트, 팽윤, 제품의 부드러움, 내상 광택, 영양 증가의 6가지이다.

(1) 오븐팽창

유지는 빵, 과자 제품의 오븐팽창을 좋게 한다.

(2) 쇼트네트

쇼트네트는 유지는 제품이 바삭바삭하게 부서지고 쉽게 끊어지는 성질을 말한다. 유지는 제품의 쇼트네트를 좋게 해준다.

(3) 팽윤 역할

유지가 글루텐 섬유 사이에 들어가서 얇은 기름 막을 만들어 팽윤의 역할을 한다.

(4) 제품의 부드러움

유지는 제품을 부드럽게 해주며 내상 막을 피복하고 수분 발산을 방지하여 건조가 덜되도록 해준다. 유지를 이용한 제품은 노화가 늦고 부드러워진다.

(5) 내상 광택

유지는 내상을 좋게 하고 광택도 나게 해준다.

(6) 영양 증가

유지는 제품의 영양가를 높여준다.

2) 유지의 필요조건

유지의 필요조건은 롤인 유지, 튀김용 유지, 버터크림용 유지, 케이크용 유지, 코팅용 유지, 쿠키·비스킷용 유지, 샌드크림용 유지, 초콜릿용 유지, 스프릿 마가린이 각각 다르다.

(1) 롤인 유지의 필요조건

롤인 유지는 데니시, 페이스트리, 크루아상에 사용된다. 롤인 유지의 필요조건은 반죽에 가까운 신전성이 있으며 가연성이 넓고 입안에서 잘 녹으며 풍미가 좋은 것이다. 일반적으로 유제품, 유지방을 많이 혼합한 마가린이 사용되며 물리·화학적 성질 유지를 위해 15℃ 이하에서 저장한다.

(2) 튀김용 유지의 필요조건

튀김용 유지는 도넛 반죽의 맛을 내는 데 쓰인다. 튀김용 유지의 필요조건은 튀긴 후에 제품이 끈적거리지 않으며 아이싱이 흐르지 않아야 한다는 것이다. 유지는 1일 1회전을 하는 것이 이상적이며, 적절한 온도는 180℃ ± 5℃이다. 튀긴 후에는 불순물을 제거하며 공기와의 접촉 구리, 철의 혼합을 방지한다.

(3) 버터크림용 유지의 필요조건

버터크림용(아이싱, 필링용) 유지는 적당한 물리성을 가지며 입안에서 잘 녹고 풍미가 좋으며 공기의 흡입 성질을 지닌 것(크림성)을 고르는 게 좋다. 휘핑하기 쉬우며 마가린, 버터, 쇼트닝을 함께 사용하는 것도 있다. 작업 시에는 품질에 이상이 없도록 실온을 조절해야 한다.

(4) 케이크용 유지의 필요조건

케이크용 유지는 적정한 밀도와 크림성, 유화성을 지녀야 한다. 마가린, 쇼트닝은 조금 부드러운 상태로 사용한다. 케이크용 유지는 버터케이크, 컵케이크, 파운드케이크, 레이어케이크, 비스킷, 쿠키 등을 만드는 데 쓰인다.

(5) 코팅용 유지의 필요조건

코팅용 유지는 입안에서 녹기 쉽고 맛이 담백하며 산화에 안정해야 한다. 만능형 마가린이나 쇼트닝이 사용되고 있다.

(6) 쿠키·비스킷용 유지의 필요조건

쿠키나 비스킷용 유지는 조직이 빽빽하여 수분이 적고 당분이 많은 반죽이다. 장기보존식품이기 때문에 식이의 안정성이 좋은 쇼트닝이어야 한다. 주로 버터, 마가린의 풍미를 좋게 하기 위해 사용된다. 쇼트닝, 마가린은 제품이 입안에서 녹는 느낌을 좋게 하므로 쇼트닝성이 있어야 한다. 사용 시에는 너무 따뜻한 곳에 보관하지 않는다.

(7) 샌드크림용 유지의 필요조건

쿠키, 비스킷, 웨하스의 샌드크림용 유지는 쇼트닝과 슈거파우더로 만들어서 미세한 공기를 포집한다. 입안에서 녹음이 좋은 유지로 안정성이 있어야 한다. 만능형 마가린이나 쇼트닝이 사용되고 있다.

(8) 초콜릿용 유지의 필요조건

초콜릿용 유지는 천연 카카오유가 사용된다. 이것은 입안에서 녹기 쉽고 비가연성이어야 하며 팽창이 좋고 광택도 있어야 한다. 만능형 마가린이나 쇼트닝이 사용되고 있다.

(9) 스프릿 마가린의 필요조건

스프릿 마가린은 보형성, 신전성이 좋으며 입안에서 잘 녹고 풍미가 좋아야 한다.

3) 유지의 보관 방법

유지의 변패를 촉진시키는 요인으로는 열, 빛, 금속(특히 동)의 3가지가 있다. 유지는 제품 보존에 주의가 필요하다. 보관 시에는 변질 방지해야 하는데 빛, 수분, 높은 온도와 접촉하면 냄새가 나므로 진공 용기에 담아 21℃ 이하의 건조한 암냉소에 보관하도록 한다. 가수분해를 방지하기 위해서는 물에 적시지 말고 산, 알칼리를 혼입하지 않아야 한다. 공기에 직접 접촉하면 산화되기 쉬우므로 밀폐된 용기에 담아 보관해야 한다.

SECTION 04

달걀

1. 달걀의 종류

달걀은 가금류인 닭의 알, 오리알, 메추리알, 꿩알, 칠면조알, 타조알 등을 일컫는 말이다. 달걀은 단일식품으로서 영양가가 가장 뛰어나며 완전 단백질에 가까운 우수식품이다. 여러 가지 용도로 이용하기 쉬운 물리적 특성이 지니고 있어 제과·제빵, 식품가공의 재료로 사용된다. 이것을 이용하여 마요네즈, 드레싱, 달걀 음료 등을 만들 수있다.

달걀의 품질기준

달걀은 무게에 따라 대란(60g 이상, 65g 미만), 중란(50g 이상, 60g 미만), 소란(45g 이상, 50g 미만)의 3가지로 구분한다.

분류	무게(g)	분류	무게(g)
특란	70.9	중간란	49.6
대란	63.8	소형	42.5
보통란	56.7	peewee	35.4

2. 달걀의 구조

달걀의 구조는 외각부가 알껍질(난각), 내외 2장의 껍질막(난각막), 기공으로 되어있고 그 내부에 3층의 흰자(난백)와 노른자막에 둘러싸인 노른자(난황)로 되어있다.

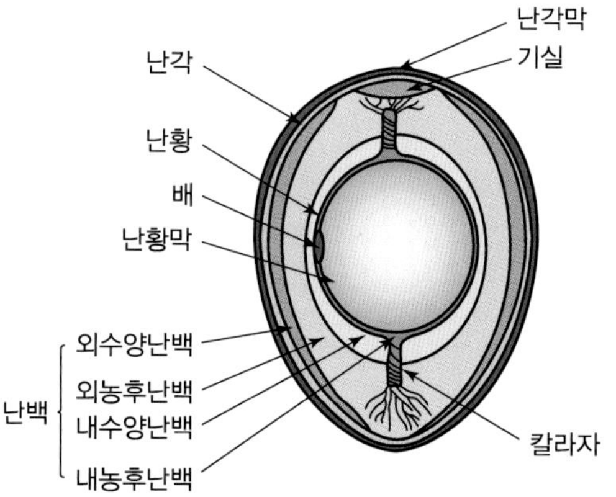

그림 5-4 **달걀의 구조**

표 5-7 **알류의 부위별 구성 비율(%)**

종류	무게(g)	껍질	흰자	노른자
달걀	40~60	10~12	45~60	26~33
오리알	69~90	11~13	45~58	28~35
거위알	160~180	11~13	45~58	28~35
칠면조알	80~100	10~14	55~60	32~35
메추리알	11~12	8~12	68~70	20~24

표 5-8 **달걀의 구조**

구성	비율
달걀 껍질	10~12%(약 10~20%)
노른자	26~33%(약 30%)
흰자	45~60%(약 60%)

1) 껍질

껍질은 안팎의 두 층으로 되어있다. 바깥층은 얇고 분말상이며 흰색 또는 적갈색으로 탄산칼슘 98%와 무기질과 소량의 유기물로 되어있다.

2) 껍질막

껍질막 바로 아래에 있는 안팎 두 층으로 된 막egg shell membrane으로 껍질막이 내막과 외막으로 되어있으며, 기실을 만드는 외막은 껍질에 밀착되어있다. 껍질막은 뮤신, 알부민으로 채워져 있는데, 이 뮤신은 외부로부터의 세균에 저항성을 가지고 있고 박테리아의 내부 침투를 방지해준다.

3) 흰자

흰자는 수분 88%, 고형 분량은 12% 전후로 대부분이 단백질이며 미량의 탄수화물도 함유되어있다. 달걀흰자에는 알부민이 포함되어있으며, 점도가 높고 불투명하다.

4) 노른자

노른자는 달걀 전체 30%, 내외로 50%는 수분, 고형분은 약 50%이다. 노른자의 유화성의 주요성분인 레시틴은 구성 지방산으로 불포화지방산이 많이 함유되어있어 광선, 산소 등에 대단히 불안정하고 산화분해되어 악취가 나는 물질이 생기기 쉽다. 그러므로 노른자 가공품을 저장할 때는 유의한다. 50~60%는 레시틴이 차지하고 있다.

3. 달걀의 물리적 성상

달걀의 물리적인 성질 상태는 중량, 비중, pH, 점도, 동결, 응고성, 노른자의 유화성, 흰자의 기포성의 8가지이다.

1) 중량

달걀의 중량은 보통 평균 55~65g 내외이다(평균 60g).

2) 비중

신선한 달걀의 비중은 1.088~1.095이며, 20일 후에는 1.053 전후가 된다. 달걀은 비중을 확인하여 선도를 알 수 있다.

3) pH

pH는 달걀의 신선도를 나타내는 수치로, 신선한 달걀흰자의 pH는 6.0~7.7이지만 오래되면 CO_2를 잃게 되어 pH가 상승한다. 20일간 저장하면 pH는 9.5~9.6이 된다고 한다. 신선한 노른자의 pH는 약 6.3이며, 오래되어도 변하지 않는다.

4) 점도

점도는 달걀의 신선도를 나타낸다. 신선한 달걀은 흰자의 비점도가 3.5~10.5이고, 노른자의 비점도는 110.0~250.0인데 이것은 날이 갈수록 감소된다.

5) 동결

동결은 전란의 경우 0~-1℃, 흰자는 -0.42~-0.46℃, 노른자는 -0.56~-0.60℃에서 각각 이루어진다. 동결란을 제조할 때는 미리 소금, 설탕 등을 첨가하여 겔화를 방지하는 경우가 많다.

6) 응고성

응고성은 흰자는 가열하면 약 60℃에서 응고, 62~65℃에서 젤리화, 80℃ 이상에서는 완전히 응고된다. 노른자는 약 65℃에서 겔화되기 시작하고 70℃에서 완전히 응고된다.

7) 노른자의 유화성

노른자의 유화성은 노른자나 흰자 모두 가지고 있으나 노른자가 훨씬 더 강해 노른자는 마요네즈, 케이크를 제조할 때 유화제로 이용되고 있는데 그 유화력은 리포단백질에서 기인된다.

　　노른자의 유화성은 pH나 온도 혼합 방법의 영향을 받으며 마요네즈, 케이크, 아이스크림, 버터크림류 등의 조리에 유화제로 쓰인다. 노른자에는 레시틴이 함유되어있어 흰자보다 4배 더 효과적이다.

8) 흰자의 기포성

흰자의 기포성이란 흰자에 의해 나타나는 성질을 말한다. 달걀의 기능적 특성 가운데 가장 중요한 것 중 하나로 흰자의 경우는 중요한 원료로 쓰인다. 흰자에는 강한 점성이 있어 혼합하면 공기가 흡입하고 포집하여 섬세한 기포가 만들어져서 과자의 볼륨을 내주는 역할을 한다.

달걀의 기포성은 달걀의 선도나 pH, 온도, 배합 재료 등에 의해 변하는데 온도가 높을수록 기포성은 좋으나 기포의 안정성이 나빠진다. 케이크나 머랭을 만들 때는 흰자의 기포성이 좋을 것, 될 수 있는 한 기포의 안정성이 좋을 것 등이 중요하다. 온도는 일반적으로는 35℃ 전후가 좋고 냉장고에서 꺼낸 직후에는 거품을 올리기가 어려우므로 실온에 두었다가 사용하면 좋다.

표 5-9 **달걀흰자의 온도와 거품성**

흰자 온도(℃)	반죽 시간(분)	반죽 온도(℃)	부피(%)
0	8	10	77
5	7	20	85
11	6	21	89
17	5.5	22	100
21	5.5	23	98
28	6	26	95

4. 달걀의 영양적 가치

1) 달걀의 영양

달걀은 영양가가 높고 또한 특색이 있는 우수한 식품이다. 달걀은 필수아미노산의 함량이 크며 노른자는 비타민류의 급원으로도 중요하다.

2) 달걀의 소화율

생달걀의 소화율은 50~70%이다. 가열하면 소화율이 약 96%로 향상된다.

5. 달걀의 신선도 감별

달걀의 품질은 형태의 크기, 껍질의 색, 내용물의 신선도, 내용물에 이상이 있는 이상 란 등에 의해 결정된다. 신선도는 투시법, 할란검사, 비중법의 3가지 방법으로 알아볼 수 있다.

1) 투시법

투시법은 빛을 향에 달걀을 투시하여 흰자의 움직임을 보고 미생물이 나와 있는 것 등을 확인하는 방법이다. 선도를 판단할 수 있다.

2) 할란검사

할란검사는 평판 위에 달걀을 깨어놓고 흰자의 묽은 상태와 노른자의 편평해진 상태 등을 검사하는 방법이다.

(1) 흰자의 수양화

흰자의 수양화로 달걀의 신선도를 감별할 수 있다. 산란 직후의 짙은 흰자와 묽은 흰 자의 비율은 대략 6:4이나 저장 중에 차차 짙은 흰자가 없어져서 흰자 전체로 보면 점도가 떨어진다. 수양화의 정도를 수량적으로 표시한 것이 난백계수albumin index인데, 이것은 흰자의 높이를 흰자가 퍼져서 이른 원의 평균 직경으로 나눈 값이다.

(2) 노른자의 편평화

노른자의 편평한 정도를 수량화한 것이 난황계수yolk index인데 이것은 노른자의 높이 를 노른자의 평균 지름으로 나눈 값이다.

3) 비중법

비중법은 달걀의 신선도를 감별하는 방법이다. 산란 후 달걀의 비중은 1.08~1.09이 며 1일이 지나면 감소한다. 비중법은 비중 1.027인 달걀을 물 1L에 10%의 식염 용액 에 달걀을 집어넣을 때 그 침전 상태에 따라서 신선도를 판정하는 방법이다. 침전하는 것이 신선하며 뜬 것은 오래된 것이다. 산란 직후의 달걀은 옆으로 누워서 가라앉는다. 아주 오래된 묵은 알이나 썩은 알은 순단부를 물표면 위로 내밀고 떠오른다.

6. 달걀의 가공

1) 가공달걀

가공달걀은 부패성을 극복하기 위하여 만든 것으로 종류로는 액상달걀, 냉동달걀, 분말달걀, 농축달걀의 4가지가 있다. 달걀을 깨는 데 시간이 걸리는 것을 보완하고, 오염된 달걀 껍질을 공장 내에서 들고 오지 않으므로 위생적이다. 가격이 안정적이며, 장기간 보관할 수 있고, 한 번에 대량을 사용할 수 있어 좋다.

달걀을 가공할 때는 살균작용을 돕기 위해 유산lactic acid을 첨가하여 pH 7의 산도를 유지하거나, 60℃에서 3~3.5분간 열처리를 하여 살모넬라균을 없애기도 한다. 분말 흰자의 경우 대략 7배의 물을 넣어 사용하며, 분말 전란의 경우에는 약 3배의 물을 사용해야 한다.

(1) 액상달걀

액상달걀은 달걀을 깬 후 저어서 여과 및 살균한 것으로, 일반 달걀과 풍미가 같으며 그대로 쓸 수 있고 위생적이다. 거품성은 조금 떨어진다.

(2) 냉동달걀

냉동달걀은 전란, 노른자와 흰자를 분리해서 용기에 넣고 −45℃에서 급속 냉동한 것이다. −18℃에서 약 1년간 보존할 수 있다. 냉장고 안에서 해동하거나 수돗물에 담가 두는 것이 최선의 해동 방법이다.

(3) 분말달걀

분말달걀은 달걀 껍질을 제거하고 살균한 다음 pH 5.5 정도로 조절하여 건조한 것이다. 전란분말, 노른자 분말, 흰자분말의 세 종류가 있다.

(4) 농축달걀

농축달걀은 전란을 진공 농축하여 수분 75% 가운데 5%를 증발시키고 대신 같은 양의 당류를 첨가한 것이다. 단백질의 변성이 적고 당을 첨가하기 때문에 보존성도 높다.

2) 달걀로 만든 가공식품

달걀로 만든 가공식품은 피단, 조림, 마요네즈의 3가지가 있다.

(1) 피단

피단은 중국 남서부에서 오리알의 가공법으로 발달된 것인데, 달걀에도 적용된다. 석회, 탄산나트륨, 나무재, 볏짚재 등의 알칼리성 물질과 식염, 홍차의 혼합액에 알을 담그거나 이 혼합물에 점토를 껍질에 두껍게 바르고 독에 담아 밀봉하고 찬 곳에 3~6개월간 보존하고 숙성시켜 만든다.

(2) 조림

조림은 달걀을 삶아 껍질을 제거한 다음 향신료를 넣은 식염수, 조미료가 들어있는 알코올 용액에 담가 흰자나 노른자가 모두 갈색이 되게 만든 것이다. 저장성과 풍미가 좋다.

(3) 마요네즈

마요네즈는 지중해의 미노르카^{Minorca} 섬에서 발견된 식품으로 달걀노른자, 샐러드유, 식초를 주된 재료로 하고 여기에 향신료, 식염, 설탕, 조미료 등을 첨가하여 유화시킨 소스의 일종이다. 노른자를 유화제로 하여 기름과 식초를 유화시킨 것이다. 노른자에 소금, 설탕, 향신료를 넣고 혼합하여 샐러드유를 천천히 넣고 교반 및 유화시키고 나머지 식초와 기름을 첨가하여 만든다.

3) 가열조리 시 변화

달걀은 가열조리했을 때 나타나는 변화는 열응고성, 착색성, 변색, 영양 가치 향상, 결합제 작용, 청정제, 간섭제, 농도 조절의 8가지가 있다.

(1) 열응고성

열응고성은 흰자가 80℃에서 단백질이 변성되고, 노른자는 65~70℃에서 완전히 응고되는 성질이다. 열응고성은 당의 농도나 pH 등의 영향을 받는다.

(2) 착색성

착색성은 달걀이 메일라드 반응을 일으켜 착색되는 성질이다. 카스텔라 등 과자 제품을 담황색으로 착색시켜 시각적인 효과를 높일 수 있다.

(3) 변색

변색은 달걀을 높은 온도에서 장시간 가열하면 노른자 표면이 회록색을 띠는 성질인데, 이러한 변색은 흰자의 황화수소H_2CS가 노른자의 철분과 결합해서 황화제일철FeS을 만들기 때문에 일어난다.

(4) 영양 가치 향상

달걀의 영양 가치는 생명체의 발육·유지에 필요한 단백질과 아미노산 13%, 지방 9~11%, 무기질, 비타민 A, 비타민 B, 비타민 D, 레시틴 같은 귀한 영양물질이 들어있다는 것이다.

(5) 결합제 작용

결합제 작용에 따르면 달걀을 가열하면 단백질이 응고되어 다른 식품을 원하는 형태로 결합시킬 수 있다. 수프, 젤리 등의 응고작용 및 결합작용을 돕는다.

(6) 청정제

달걀은 콘소메 수프의 육수를 투명하게 해주는 청정제와 같은 역할을 한다.

(7) 간섭제

간섭제의 성질을 이용하여 거품을 낸 달걀흰자를 셔벗이나 캔디 제조 시 넣어주면 결정체가 되는 것을 방지하고 미세하게 만들어준다.

(8) 농도 조절

농도 조절 시 달걀을 가열하면 응고되며 다른 식품과 섞으면 농도가 걸쭉해진다. 달걀찜, 푸딩, 커스터드 등이 이러한 성질을 이용해서 만든 것이다.

7. 달걀의 사용 목적과 저장

1) 달걀의 사용 목적

달걀은 영양가가 높은 식품이다. 흰자에 들어있는 단백질은 빵의 제품 골격 형성을 도와주며, 노른자의 작용으로 인해 부드러움과 색, 향 등이 나타나기도 한다. 대부분의 식빵에서는 달걀을 사용하지 않으나 과자빵, 조리빵, 특수빵 등에는 사용한다. 달걀의 사용 목적을 제과 및 제빵으로 나누어 자세히 살펴보면 다음과 같다.

(1) 제과에 사용

달걀을 제과에 사용하는 이유로는 기포 생성, 유화성, 열응고성, 착색성, 맛·풍미·색깔 향상, 촉감·식감 향상, 노화 개선, 보존성 향상, 영양가 향상, 과자 부피 증가의 10가지가 있다.

① 기포 생성　제과에서 기포성은 달걀흰자는 강한 점성이 있어 혼합하면 공기를 흡입하고 포집하여 섬세한 기포를 만들어 과자의 볼륨을 내는 역할을 한다.

② 유화성　달걀노른자의 유화작용을 이용한 버터크림, 아이스크림 등 많은 크림류를 만들 수 있다.

③ 열응고성　달걀은 가열하면 약 80℃에서 응고하는 성질로 과자의 형태를 만드는 역할을 한다.

④ 착색성　달걀노른자는 케이크, 카스텔라 등 과자 제품은 담황색으로 착색 효과를 높인다.

⑤ 맛, 풍미, 색깔 향상　달걀은 물이나 우유에 잘 섞어지는 상호작용으로 맛을 좋게 하고 노른자는 과자의 맛, 풍미, 색을 향상시킨다.

⑥ 촉감, 식감 향상　달걀노른자의 유화 성분은 과자의 촉감, 식감을 부드럽게 한다.

⑦ 노화 개선　달걀노른자의 레시틴 성분은 과자의 노화를 늦게 한다.

⑧ 보존성 향상　달걀은 과자의 노화를 늦추게 하므로 과자는 탄력성이 있고 보존성이 좋은 과자가 되게 한다.

⑨ 영양가 향상　달걀의 우수한 단백질은 영양가를 향상시킨다.

⑩ 과자의 부피를 증가　달걀은 오븐팽창을 좋게 하며 볼륨이 크게 하여 과자의 부피가 크게 된다.

(2) 제빵에 사용

달걀을 제빵에 사용하는 이유로는 촉감·식감 향상, 노화 개선, 보존성 향상, 영양가 향상, 기포성 증가, 빵 부피 증가의 6가지가 있다.

① 촉감, 식감 향상　달걀노른자의 유화 성분은 빵의 촉감, 식감을 향상시켜 부드럽게 해준다.
② 노화 개선　달걀노른자의 레시틴 성분은 빵의 노화를 늦추어준다.
③ 보존성 향상　달걀은 빵의 노화를 늦추어 탄력성이 있고 보존성이 좋은 빵을 만든다.
④ 영양가 향상　달걀의 우수한 단백질에는 8종의 아미노산이 균형 있게 들어있어 영양가를 향상시킨다.
⑤ 기포성 증가　달걀의 흰자에는 강한 끈기가 있고 젖으면 공기가 들어가 거품을 만들고 증가시키는 기포성이 있다.
⑥ 빵의 부피 증가　달걀은 오븐팽창을 좋게 하여 볼륨을 크게 해주어 빵의 부피가 커진다.

달걀의 기포성

달걀의 기포성에 영향을 주는 요인을 살펴보면 다음과 같다.

- 교반 방법 및 시간: 달걀의 기포성을 만드는 수동으로 교반보다 전동 교반이 안정적이고, 부피와 안정성이 증가하다가 지나치면 다시 줄어든다.
- 흰자의 종류: 흰자의 종류 중 묽은 흰자가 농후한 흰자보다 거품은 빨리 형성하나 부피와 안정성이 떨어진다.
- 온도: 흰자의 온도는 30℃ 전후가 기포력과 안정도가 가장 좋다. 온도가 높을수록 쉽게 교반되나 너무 고온이면 표면장력이 감소하고 역효과가 생겨 거품성이 떨어진다.
- 소금과 설탕: 소금과 설탕은 거품성을 안정시킨다. 소금과 설탕 입자가 사이사이에 끼어 거품 생성에 방해가 되므로 어느 정도 안정되면 넣는 것이 좋다.
- 우유, 노른자, 기름: 흰자의 기포성에 저해 작용을 하여 기포성을 저하시킨다.
- pH: 흰자에 산을 넣으면 점성이 저하되어 거품이 잘 생기고, 단백질 분자가 표면 막을 만들기 쉬워져서 안정성이 증가된다.

2) 달걀의 저장

달걀은 변질·부패 과정이 단순하고 저장성이 좋다. 저장 방법도 간단한 편이다. 달걀의 저장법은 냉장법, 냉동법, 가스저장법, 피복법의 4가지가 있다.

(1) 냉장법

냉장법은 가장 일반적인 저장법으로 저온에 저장하는 방법이다. 냉장 시에는 $0 \sim 5℃$에 보관하고, $2 \sim 3$개월 정도의 단기 저장일 경우에는 $15℃$에 보관, 습도는 $80 \sim 85\%$인 장소가 적당하다.

(2) 냉동법

냉동법은 저장 및 수송이 간편한 가공원료란을 저장하는 방법이다. 달걀을 깨서 껍질을 제거하고 내용물을 흰자와 노른자로 나누거나 또는 전액란을 $-18 \sim -21℃$에서 2일간 급속 냉동 및 동결 또는 $-23.5 \sim -28.9℃$에서 급속 동결하여 $-15 \sim -18℃$(전액란 $-12℃$)에서 저장하는 방법이다.

(3) 가스저장법

가스저장법은 달걀을 밀폐용기에 넣고 감압한 다음 탄산가스^{CO_2}나 질소가스^{N_2}를 일정 농도로 혼합한 공기 중에 저온으로 저장하는 방법이다.

(4) 피복법

피복법은 달걀 껍질 표면에 파라핀, 합성수지류, 젤라틴, 물유리 등을 발라 기공을 막아서 미생물의 침입을 막고 수분 증발, 탄산가스 방출을 방지하여 저장하는 방법이다.

우유 및 유제품

1. 우유

인류가 이용하는 가장 간단한 형태의 유제품이 바로 우리가 즐겨 마시는 우유milk이다. 우유는 소가 가축화되기 시작하면서 인류에게 널리 이용되어왔다. 발원지는 터키이고 시리아와 이라크를 흐르는 유프라테스euphrates 계곡 근처에서 발견된 벽화에 역사적인 기록이 나와 있다. 우리나라 기록을 살펴보면 1281년에 편찬된 일연의 《삼국유사》에 우유가 처음으로 등장한다. 그 후 1937년에 서울우유협동조합이 설립되면서 우유가 대중적인 식품으로 자리 잡았다.

1) 우유의 제조 방법

(1) 우유의 제조 공정

우유의 제조 공정을 간략하게 말하면 원료유에 균질화와 살균 작업을 하는 것이다. 여기서 균질화란 원료유에 포함되어있는 큰 지방구를 작게 하는 작업이다. 균질화는 우유 중의 지방구를 안정되게 하고 목으로 넘기기 좋고 소화하기 쉽게 한다. 우유의 제조 공정을 정리하면 다음과 같다.

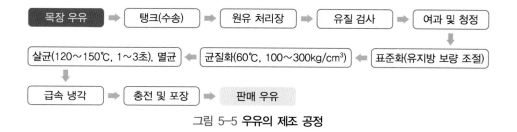

그림 5-5 **우유의 제조 공정**

(2) 우유의 살균·멸균법

우유의 살균 방법은 초고온 살균법, 저온 살균법, 고온 살균법의 3가지가 있다.

① 초고온 살균법　130℃에서 0.5~4초 동안 살균한다. 비타민 파괴가 적고 풍미도 좋게 하는 방법으로, 시판되고 있는 우유는 이 살균법을 사용한 것이다.

② 저온 살균법　62~63℃의 열에 30분간 살균시켜서 10℃ 이하로 급냉장한다.

③ 고온 살균법　72℃에서 15~20초 동안 살균한다.

2) 우유의 종류

우유의 종류는 크게 시유, 분유, 유청, 연유, 유음료의 5가지로 구분할 수 있다.

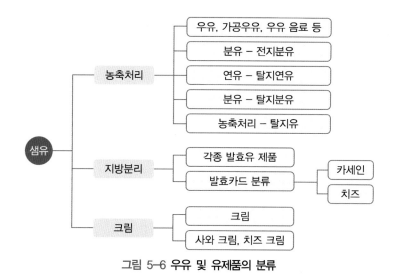

그림 5-6 **우유 및 유제품의 분류**

(1) 시유

시유는 크게 균질우유, 강화우유, 환원우유, 가공유의 4가지로 구분할 수 있다.

① 균질우유　생유에 여과, 살균, 냉각 등의 처리를 하여 용기에 넣고 포장하여 안전하게 음용할 수 있도록 보존한 것이다.

② 강화우유　우유에 비타민, 무기질, 아미노산 중 각각 비타민 A, B, C, D, 니코틴산, 철, 리신 등을 첨가한 것이다.

③ 환원우유　전지, 탈지분유나 농축유에 물, 유지방 등을 혼합하여 그 조성을 우유와 같게 조정하고 살균 처리한 것이다.

④ 가공유　고지방 우유, 미네랄첨가 우유, 비타민강화 우유 등이 있다. 환원우유도 가공유에 속한다. 커피 우유, 과일(fruit) 우유, 초콜릿 우유 등으로 불리는 유음료의 소비가 늘어나고 있다.

(2) 분유

분유는 생유를 농축 및 건조하여 가루로 만든 것이다. 수분 함량이 5% 이하인 분말상으로 보존성이 좋다. 종류는 전지분유, 탈지분유, 가당분유의 3가지가 있다.

① 전지분유　우유를 건조하여 분말로 만든 것이다.

② 탈지분유　우유를 농축해 수분과 유지방(버터에 사용)을 제거해 건조하여 분말로 만든 것이다. 저장성이 높고 품질이 안정되고 균일하게 분산하기 쉬우므로 제빵에 적합하다.

③ 가당분유　우유에 설탕을 가하여 가열 용해하고 농축한 다음 분무 건조한 것이다.

분유를 제과·제빵에 사용하는 목적 ————————————————●

- 분유의 반죽 흡수율 증가: 분유는 반죽 흡수율을 약 100% 늘린다. 분유를 2% 사용하면 물은 흡수율이 5% 정도 좋아진다.
- 글루텐 강화효과: 분유는 글루텐을 강화시켜주고 반죽의 안정성을 크게 하며 길게 믹싱해도 반죽이 약해지지 않는다.
- 완충 작용: 분유는 완충 작용을 하며 탈지분유는 pH 저하를 천천히 진행시킨다.
- 진한 색깔: 분유를 사용하면 빵의 색깔이 짙어지므로 구울 때 주의해야 한다. 보통 황금갈색이 된다(유당의 캐러멜화).
- 노화 방지: 분유를 사용하면 노화를 방지할 수 있다.

---

(3) 유청

유청(호에 파우더)은 우유에서 치즈를 만들 때 카세인과 유지방을 빼낸 후 건조 분말로 만든 것이다. 유청을 제과·제빵에 사용하면 알부민, 유당에 의해 껍질 색깔이 좋아진다. 또 유산을 내어 산미와 풍미, 수분 보유력을 좋게 하고, 표피를 부드럽게 한다. 보통 분유보다 조금 적게 넣어 반죽하는데, 분유를 넣었을 때보다 색이 조금 빠르게 나온다.

(4) 연유

연유는 우유를 1/2~1/3로 졸이고 수분을 증발시켜서 농축한 것으로 독특한 풍미가 있다. 연유는 크게 우유를 그대로 농축한 무가당 연유와 설탕을 넣고 농축한 가당 연유가 있다. 가당 연유는 우유에 설탕을 가하고 농축한 것으로, 제품 중에 설탕이 40~45% 함유되어있어 보존성이 좋다. 무당 연유는 우유를 약 1/2로 농축한 것으로 보존성이 나빠 115~118℃로 살균한다. 연유의 특성은 외관, 풍미, 보존성의 3가지이다.

① 외관　가당연유는 광택이 나고 미황색이며, 무당연유는 광택이 있는 크림색이다.
② 풍미　신맛, 변질된 맛, 이취가 없어야 한다.
③ 보존성　40℃로 일주일간 보존할 수 있다.

(5) 유음료

유음료의 성분은 유고형분이 3% 이상이다. 종류로는 각종 우유(초코, 딸기, 커피, 바나나 등)와 요구르트가 있다.

다양한 종류의 우유

3) 우유의 성분

우유의 성분은 약 87.75%의 수분, 12.25%의 고형분으로 되어있다. 우유의 단백질은 카세인(약 78~85%)과 유청 단백질(약 15~22%)로 아미노산 조직성이 우수하다. pH는 6.5~6.6으로 거의 중성에 가깝다.

　우유를 가열하면 피복이 형성되고, 색의 변화(갈색화 반응) 및 가열취 변화가 생긴다. 냉동에 의한 변화, 우유의 응고(산, 열, 알코올, 레닛)에 의한 변화도 생긴다.

표 5-10 **우유의 성분 규격**

순위	종류별	성분 규격	
		무지유 고형분	유지방분
1	우유	8.0% 이상	3.0% 이상
2	부분탈지유	8.0% 이상	0.5%~3.0%
3	탈지유	8.0% 이상	0.5% 미만
4	가공유	8.0% 이상	–
5	유음료	유고형분 3.0% 이상	

4) 우유의 사용

우유의 사용을 크게 제과와 제빵으로 나누어 살펴보면 다음과 같다.

(1) 제과에 사용

우유를 제과에 사용하는 목적은 영양가 상승, 향 상승, 색깔과 광택 조화, 향과 반죽의 되기 조절, 반죽을 부드럽게 함, 풍미 부여, 조직 형성, 건조 방지의 8가지이다.

① 영양가 상승   과자류의 영양가를 높여준다.
② 향 상승   좋은 향 및 독특한 향을 갖게 만든다.
③ 색깔 및 광택 조화   색깔 및 광택을 낸다(캐러멜화 반응).
④ 향과 반죽의 되기 조절   반죽의 되기를 조절하고 향을 발생시킨다.
⑤ 반죽을 부드럽게 함   우유 속 수분이 제품을 부드럽게 하며, 고형분은 반죽을 강화시키는 역할을 한다.
⑥ 풍미 부여   우유 및 유제품이 독특한 풍미를 부여한다.
⑦ 조직 형성   반죽의 조직을 형성하며 조직을 부드럽게 보존해준다.
⑧ 건조 방지   설탕 등의 결정이 생기는 것을 막아 건조를 방지한다.

(2) 제빵에 사용

우유를 제빵에 사용하는 목적은 영양가 상승, 향 상승, 빵의 색깔, 껍질을 부드럽게, 껍질을 조밀하게, 발효 안정과 내성 강화, 글루텐 보강의 7가지이다.

① 영양가 상승   우유는 영양가를 상승시키며 질적인 면에서 매우 중요한 역할을 한다.
② 향 상승   우유는 제품에 좋은 향을 내며 제품에 독특한 향을 갖게 한다.

③ 빵의 색깔   우유는 빵의 색깔을 낸다. 캐러멜화 반응에 의해 굽기 동안에 일어나는 껍질 색의 변화를 준다.

④ 껍질을 부드럽게   우유는 빵, 과자의 껍질을 부드럽게 한다.

⑤ 껍질을 조밀하게   우유는 제품의 껍질을 조밀하게 한다.

⑥ 발효 안정과 내성 강화   우유는 발효를 안정화시키며 발효 속도를 조금 늦게 한다(반죽 pH가 낮아지기 어렵다). 발효 내성을 늘린다(우유 안정 작용에 의해). 반죽과 발효의 내구성을 높일 수 있다는 점이다.

⑦ 글루텐 보강   우유 단백질은 글루텐을 보강한다.

표 5-11 **빵용 유제품의 조직**

순번	분류	pH	수분(%)	단백질(%)	지방(%)	유당(%)	자당(%)	무기질(%)
1	우유	6.6	87.5	3.3~4.0	3.65	4.75		0.70
2	탈지유	6.6	91.5	3.50	0.1	4.4		0.50
3	탈지분유	6.44	3.0	36.50	0.9	52.8		8.00
4	가당연유(탈지)	6.71	27.0	10.00	0.8	13.0	45.0	2.30
5	유청파우더	6.05	5.0	12.50	0.5	70.5		9.50
6	휘핑크림		58.2	2.00	36.0	3.15		0.46
7	인유		87.2	1.53	2.97	7.61		0.15

5) 우유의 신선도 감별 및 보관

우유 및 유제품은 국민 영양상 중요한 식품이다. 국가에서는 법률로 그 성분 규격이나 보존에 관한 기준 등을 규정하여 품질과 안전성을 확보하고 있다. 생유나 시유는 변질·부패되기 쉽고 잘못 취급하면 중독 등을 일으킬 수도 있다. 따라서 성분 규격이나 보존에 관한 기준 등을 규정하여 품질과 안전성을 확보하고 있다.

(1) 신선도 감별

우유의 신선도 감별법은 외관, 비중, 자비시험, 알코올시험, 적정 산도의 측정의 5가지가 있다.

① 외관   우유병이나 용기의 밑 부분에 침전물이 있는 것, 색이 지나치게 황색인 것, 크림층이 분리된 것, 이취가 있는 것, 신맛이 있는 것 등은 불량하고 오래된 것으로 생각되므로 음용하거나 조리 등에 사용할 수 없다.

② 비중   규격보다 낮은 것은 가수된 것으로 생각된다.

③ 자비시험   1~2분 자비 후 같은 용량의 물을 가할 때 응고하는 것은 산도가 높아져서 단백질이 응고되기 쉽게 되어있는 오래된 우유이다.

④ 알코올시험   신선한 우유는 70% 알코올을 가하여도 응고물이 생기지 않으나 오래되어서 산도가 증가된 것은 응고물이 생긴다.

⑤ 적정 산도의 측정   신선한 우유의 적정 산도는 0.15~0.18%인데 오래된 우유는 유산균의 번식에 의하여 유산이 생산되므로 적정 산도가 증가한다.

(2) 보관

우유의 보관은 냉장고, 용기 선택, 냄새 등에 주의해서 한다. 생크림은 냉장고, 분유는 건조한 저온에 밀봉 보관한다.

① 우유는 저온(5℃ 전후)에서 온도 변화가 적은 냉암소에 보관한다. 햇볕이나 형광등에 쪼이면 퇴색하고 유지가 산화되어 이미, 이취를 발생하므로 광선에 쬐지 않는다.

② 동이나 철 등 금속 이온에 접촉하면 유지의 산화가 촉진되어 이취를 발생하는 원인이 되므로 사용할 용기를 선택한다.

③ 냄새를 흡수하기 쉬우므로 사용 도구, 손의 씻음, 보존 장소 등 냄새가 강한 것을 옆에 놓아두지 않도록 한다.

④ 생크림은 과도하게 휘핑하면 지방구가 버터화되어 분리하고 공기와의 접촉이 많게 되므로 산화를 촉진한다. 습도 85%, 1~3℃의 냉장고에서 보관한다.

⑤ 분유는 흡습성이 매우 강하여 깨끗하고 광선과 열을 차단한 건조한 저온(5~6℃) 장소의 냄새가 없는 암냉소에 밀폐해 보관한다. 사용 후에 반드시 밀봉하고 장기간 보관은 피한다.

2. 크림

크림cream은 우유 중의 지방을 농후한 것으로, 식품위생법에서는 유지방분 18% 이상, 산도 0.2% 이하, 세균수 1,000,000/mL 이하의 대장성균 음성 규격을 정하고 있다. 우유의 지방분(유지방)을 분리해서 만들며, 대개 생크림(프레시크림fresh cream)을 의미한다.

크림을 제조할 때는 우유를 원심분리해서 탈지유와 크림층으로 나누고 크림층을 살균·냉각하고 저온 숙성시켜 품질을 안정시킨 뒤 충전·냉장한다.

1) 크림의 종류

크림의 종류는 사용 목적에 따라 휘핑크림용(40~50%)과 커피크림용(18~20%)의 2가지로 구분된다. 더 세분하면 유지방 함량이 15~30%인 연한 크림, 35%인 진한 크림, 45%인 더블크림의 3가지로 나누어진다. 이 중에서 진한 크림과 더블크림은 휘핑크림으로 사용한다. 대표적인 4가지 크림, 즉 생크림, 커피용 크림, 사워크림, 콤파운드크림의 특징은 다음과 같다.

(1) 생크림

생크림은 지방 함량이 35~50%이다. 포막 형성 단백질의 변성을 적게 하기 위해 저온 살균 후 급속 냉각하여 지방을 안정시키고 균질화하고 지방구의 크기와 정도를 조정해서 만든다. 생크림의 성분은 유지방 성분이 18% 이상인 크림을 가리킨다.

생크림의 조건은 휘핑하기 쉽고, 만들어진 휘핑크림의 상태가 안정되며 분리나 몸체의 부서짐이 없어야 한다. 또한 적합한 공기 포집(오버런overrun)을 얻을 수 있고 풍미, 색깔, 광택이 우수해야 한다.

(2) 커피용 크림

커피용 크림은 일반적으로 지방 함량이 20~30%로 대개 커피에 사용된다.

(3) 사워크림

사워크림은 살균한 생크림에 유산균을 넣고 배양하여 산도를 0.6% 정도로 만든 것이다. 상쾌한 풍미와 뛰어난 보전성을 지니고 있다. 주로 요리용, 제과용으로 사용된다.

(4) 콤파운드크림

콤파운드크림 생크림을 정제하고 식용유지를 첨가한 후 혼합한 것으로, 대개 휘핑크림용으로 많이 사용된다.

표 5-12 **크림의 사용 목적에 따른 구분**

나라	명칭	지방 함유율(%)	용도
영국	커피크림	12	가정용, 과자용
	과일크림	25	가정용, 과자용
	휘핑크림	50	휘핑 크림
미국	라이트크림	18	가정용, 과자용
	휘핑크림	30	과자용, 버터용
	헤비크림	36	과자용, 버터용

표 5-13 크림의 종류와 조성 성분

크림명/조성	수분	단백질	지방	유당	무기질
커피크림	77.3	3.2	15.00	3.9	0.6
과일크림	68.5	2.8	25.00	3.3	0.4
미디엄크림	59.7	2.4	35.00	2.7	0.2
휘핑크림	50.1	1.9	45.00	2.8	0.2
클로티드크림	29.6	1.3	67.50	1.5	0.1

2) 크림의 특성

생크림의 대표적인 특성은 부피 증가 현상(오버런overrun)이다. 이는 본래의 부피가 거품을 낸 후에 어느 정도 증가했는지를 나타내준다. 부피 증가 현상이 100이라면, 처음 부피의 두 배가 되는 것을 의미한다.

3) 크림의 저장

크림을 저장할 때는 위생과 온도에 주의한다. 저장 시 약 4℃로(1~5℃)의 냉장고에 보관한다.

3. 버터

버터butter는 우유 지방이 80% 이상 들어있는 식품으로 수분은 16% 내외, 무지 고형분은 1%를 함유하고 있다.

1) 버터의 종류

버터의 종류는 무발효버터, 발효버터, 스위트버터, 가염버터, 무염버터, 분말버터, 콤파운드버터의 7가지이다.

　① 무발효버터　발효시키지 않은 버터이다.
　② 발효버터　우유에서 크림을 분산시켜 산도 0.2~0.25로 조절한 후 살균해 유산

균, 스타다를 50~10% 넣고 18~21℃에 2~6시간 놓아 발효한 버터이다. 버터
의 풍미가 제품의 질을 좌우하는 마들렌·피낭시에, 쿠키류 등에 알맞다.

③ 스위트버터　젖산균을 넣지 않고 숙성시킨 버터이다.

④ 가염버터　2%의 소금을 넣은 버터로 무염버터보다는 맛이 좋고 보존성이 높다.

⑤ 무염버터　소금을 넣지 않은 버터로 보존성이 나빠 제과 원료나 조리용으로 쓴다.

⑥ 분말버터　1963년 오스트레일리아에서 개발된 것으로, 가루 형태여서 빵·케이
크 배합에 지방 대용으로 사용하기 간편하다.

⑦ 콤파운드버터　버터의 풍미를 살린 마가린의 경제성을 가미하여 거기에 안정된
제품을 공급할 목적으로 만든 것으로 거품성과 접지반죽의 적성이 뛰어나다.

2) 버터의 사용 목적

버터는 특유한 향기가 있으며 풍미가 뛰어나고 크림성, 쇼트닝성 등 다양한 제과 적성
을 가지고 있다. 쇼트닝 제품보다 융점이 비교적 낮고 가소성의 범위가 좁으며 18~
21℃에서 작업하는 것이 좋다. 대개 과자 제조용, 빵의 제조용, 조리용으로 사용되며
수프, 그라탱gratin에 첨가하면 풍미와 얕은 맛이 증가된다.

버터의 사용 목적은 맛·풍미·탄력성·신전성 부여, 균일한 내상, 영양가 향상, 제
품 노화 억제의 5가지이다.

(1) 제과에 사용

① 맛, 풍미를 증가시킨다.
② 제품의 거품을 포집하여 부피를 팽창시킨다.
③ 제품의 부드러움, 식감을 개선시킨다.
④ 내상을 균일하게 하고 맛과 영양가를 높인다.
⑤ 제품의 노화를 방지한다.

(2) 제빵에 사용

① 맛, 풍미를 더해준다.
② 반죽에 탄력성, 신전성을 부여하며 내성을 높여준다.
③ 제품에 볼륨을 더해 부드럽게 하며 내상을 균일하게 만든다.
④ 식감, 씹히는 맛과 영양가를 높인다.
⑤ 제품의 노화를 억제한다.

3) 버터의 보관

버터의 보관 시에는 암냉소와 가수분해를 방지, 냄새 주의, 냉장 보관을 기억해야
한다.

① 버터는 빛이 없는 암냉소에 높은 온도를 피해 보관한다.
② 가수분해를 방지하며 물에 적시지 않고 산, 알칼리를 혼입하지 않는다.
③ -5~0℃에서 직사광선이 닿지 않는 깨끗한 곳, 냄새를 잘 흡수하므로 냄새가
   독한 물건 옆에는 두지 않는다.
④ 냉장 보관 시에는 -17℃ 이하에 둔다.

4. 치즈

치즈는 아시아의 유목인들 사이에서 최초로 만들어진 것으로 알려져 있다. 치즈는 우
유를 원료로 하여 젖산균(유산균) 또는 단백질 응고효소인 레닛rennet을 첨가하여 카세
인을 응고시키고 유장을 제거한 뒤 가열, 가압, 숙성 등의 처리를 거쳐 만드는 발효
숙성 식품이다. 발효 숙성 후에는 응고시켜 수분을 뺀 후 소금이나 향료, 향신료 등을
첨가하여 성형하는 것인데 제조법별로 다양한 종류가 있다. 치즈의 제조 과정은 다음
과 같다.

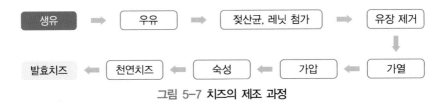

그림 5-7 **치즈의 제조 과정**

1) 치즈의 성분

치즈의 주성분은 단백질과 지방, 칼슘, 비타민 A와 B군이다. 특유의 풍미가 있고 영
양가가 높은 식품이다.

2) 치즈의 종류

치즈는 종류가 약 500종 이상으로 매우 다양하다. 수분 함량에 따라 연질, 반경질, 경질로 나누어지며, 치즈의 숙성에 따라서는 천연치즈와 가공치즈의 2가지로 나누어진다.

(1) 천연치즈

천연치즈로는 크림치즈, 모차렐라치즈, 프로마주블랑치즈, 리코타치즈, 마스카르포네치즈, 코티지치즈가 있다.

(2) 가공치즈

가공치즈로는 카망베르치즈, 브리치즈, 고르곤졸라치즈, 고다치즈, 파르메산치즈, 체다치즈, 에담치즈, 에멘탈치즈가 있다.

3) 치즈의 사용 목적

제과에서는 비스킷, 크래커, 치즈케이크 등의 풍미를 내는 데 이용된다. 제빵에서는 치즈 특유의 풍미를 살리도록 토핑이나 필링에 사용된다. 조각치즈(슈레드), 주사위 모양 치즈(다이스컷), 분말 상태 치즈, 필링 형태 치즈 등 다양한 형태가 있다.

(1) 제과에 사용

제과에 사용하는 목적은 맛과 풍미 개선, 영양 증가, 치즈 제품 제조의 3가지이다.

① 맛과 풍미 개선　과자의 맛과 풍미를 개선한다.
② 영양 증가　과자의 영양가를 증가시킨다.
③ 치즈 제품의 제조　치즈케이크, 티라미수 등의 제품을 만든다.

(2) 제빵에 사용

제빵에 사용하는 목적은 맛과 풍미 증가, 토핑·장식에 사용, 영양 증가, 다양한 빵 제조의 4가지이다.

① 맛과 풍미 증가　빵의 맛과 풍미를 증가시킨다.
② 토핑, 장식에 사용　빵의 토핑과 필링 등에 사용한다.
③ 영양 증가　빵의 영양가를 증가시킨다.
④ 다양한 빵 제조　치즈빵 등 여러 가지 제품을 만든다.

5. 요구르트

요구르트^{yogurt}는 동유럽 및 서남아시아 지역으로부터 그 기원을 찾을 수 있는 식품이다. 사전에 발효시켜 살균한 발효유를 기초로 하여 거기에 유산균 스타터를 첨가, 혼합한 후 용기에 충진하여 발효 및 냉각하여 제품화한 것이다. 고유의 조직 특성texture, 미각taste, 영양 가치nutritional value, 종류의 다양성variety, 제품 제조의 용이성 및 건강 보호 등의 5가지 기능을 가진 발효식품이다.

1) 요구르트의 종류

요구르트의 종류로는 천연 요구르트, 저지방 요구르트, 칼로리 감량 요구르트, 크림상 요구르트, 과일 첨가 요구르트, 바이오 – 요구르트, 유아용 요구르트, 유기농 요구르트의 8가지가 있다.

2) 요구르트의 성분

요구르트에는 각종 영양성분이 풍부히 함유되어있다. 요구르트의 성분은 특히 단백질, 비타민 및 광물질, 칼슘의 주요 급원 식품이다.

3) 요구르트의 사용

우유를 요구르트로 바꾸면 상큼한 풍미를 얻을 수 있다. 요구르트는 팬케이크, 무스, 바바루아, 스펀지케이크, 핫케이크, 빵 반죽에 사용된다. 풍미와 영양성분 강화시켜주기 때문에 아침 식사용으로 선호된다.

요구르트는 상큼한 풍미, 영양 강화 등 여러 가지 기능을 가지고 있어 여러 가지 제품에 사용된다.

(1) 제과에 사용

제과에 사용하면 상큼한 풍미, 다양한 제품을 제조할 수 있다.

① 상큼한 풍미　과자 제품에 상큼한 맛을 낸다.

② 다양한 제품 무스케이크, 팬케이크, 바바로아, 스펀지케이크 등에 첨가하여 다양한 제품을 만든다.

(2) 제빵에 사용

제빵에 사용하면 빵에 첨가하여 상큼한 신맛, 풍미와 영양 개선, 다양한 빵 제품을 만들 수 있다.

① 상큼한 신맛 요구르트의 상큼한 신맛을 낼 수 있다.
② 풍미와 영양 개선 빵 제품의 영양과 풍미를 개선한다.
③ 다양한 빵 제품 요구르트빵, 요구르트식빵 등 다양한 제품을 만들 수 있다.

6. 아이스크림

아이스크림ice cream은 기원전 4세기경 알렉산더 대왕이 알프스의 눈을 병사들에게 가져오라고 하여 거기에 꿀, 과일즙 등을 넣고 우유를 섞어 먹은 것이 기원이라고 전해진다. 오늘날의 아이스크림은 크림을 주체로 하고 거기에 연유, 탈지분유, 설탕, 유화제, 안정제, 향료 등을 가한 후 교반 혼합한 것을 동결시킨 것이다. 종류로는 소프트 아이스크림과 하드 아이스크림의 2가지가 있다.

다양한 종류의 아이스크림

SECTION 06

물

물water은 상온에서 색·냄새·맛이 없는 액체로 화학적으로는 산소와 수소의 결합물이다. 조성은 수소 2, 산소 1이며, 화학식은 H_2O이다. 100℃에서는 증기가 되고 0℃ 이하에서는 얼음이 된다.

1. 물의 과학

물의 과학과 관련된 내용은 비등점, 빙점, 증발, 삼투압, 침투현상, 용출, 팽윤, 수분활성도의 8가지가 있다.

1) 비등점

물이 일정한 압력 아래 일정한 온도에 도달하면 표면에서의 증발 외에도 물의 내부에서 기화가 나타난다. 이렇게 물의 내부에서 시작되는 기호현상을 '비등'이라 하며, 비등이 시작되는 온도를 비등점boiling point이라고 한다.

2) 빙점

순수한 물은 0℃에서 어는데, 이렇게 어는 온도를 빙점이라고 한다.

3) 증발

액체는 증발할 때 열을 필요로 하게 된다. 1g의 물이 증발할 때 필요한 열량은 539cal이다.

4) 삼투압

삼투압은 용질의 낮은 쪽에서 높은 쪽으로 수분이 빠져나오는 힘으로 필요한 압력을 말한다.

5) 침투현상

침투현상은 물보다 분자가 큰 물질, 용질의 농도가 낮은 데서 높은 데로 수분이 들어가는 힘을 말한다.

6) 용출

용출은 재료 중의 성분이 용매 속에 녹아 나오는 현상을 말한다.

7) 팽윤

팽윤은 쌀, 콩 등의 곡물을 물에 두면 몇 배로 불어나는 현상을 말한다.

8) 수분의 활성도

대기가 건조하여 습도가 낮으면 식품의 수분이 증발하여 건조해지므로 식품 중의 수분 함량이 점차 적어지고, 식품 주위에 대기 습도가 높으면 건조식품은 수분을 흡수하여 건조식품에 수분 함량이 증가하게 된다.

2. 물의 역할

물의 역할은 주재료의 용매, 온도 조절, 식품의 회복 작용, 전분의 β에서 α화의 호화 작용에 관여하며 세척용수로도 사용된다. 물은 제과·제빵과 관련하여 주재료, 고형성분 녹임, 전분 호화, 글루텐 형성, 반죽 온도와 되기 조절, 이스트 용해의 역할을 한다.

① 빵의 주재료   물은 밀가루, 소금, 이스트와 함께 4대 원료 중 하나로 제품의 약 40%를 차지하고 있다. 물은 밀가루 대비 약 65%가 사용된다.

② 고형성분 녹임   물은 수화작용으로 용매제의 역할을 하며 이스트를 녹이고 남은 물로 설탕, 소금, 탈지분유 등을 녹여 분산이 균일하게 하며, 효모의 발효를 개시하게 한다.

③ 전분 호화   굽는 과정에서 물을 흡수한 전분이 호화되어 소화성과 맛을 내고 빵의 몸체를 만든다.

④ 글루텐 형성   밀가루와 물을 믹싱하여 글루테닌과 글리아딘이 글루텐을 형성하므로 글루텐이 약하면 경수, 글루텐이 강하면 연수를 사용한다.

⑤ 반죽 온도와 되기 조절   물은 반죽 온도와 강도를 조절한다.

⑥ 이스트 용해   물은 이스트를 녹이고 당분을 영양원으로 삼아 반죽에서 중요한 역할을 한다.

1) 빵 반죽 제조 시 물의 작용

빵 반죽 제조 시 신경써야 할 부분은 물의 경도이다. 경도란 물이 경수인지 또는 연수인지를 나타내는 단위이다. 또 알칼리성 물과 산성 물이 있이 있는데, 두 가지의 특징도 알아두어야 한다. 물의 크게 물에 함유된 유·무기물의 종류와 양에 따라 경수와 연수, 산성 물과 알칼리성 물로 나누어진다.

(1) 경수

경수(180ppm 이상)는 칼슘, 마그네슘의 함유량이 많은 물로, 글루텐을 수축시킨다. 이를 이용하면 빵 내상이 조밀해지고, 흡수량이 증가되며, 발효 시간은 길어지고, 유기성 후드 사용과 이스트가 증가된다. 기공이 조밀하고 빵이 하얗게 되며, 식감이 나쁘고 빨리 건조되므로 빵 맛이 나쁘며 노화도 빨리 된다.

(2) 아경수

아경수(120~180ppm)는 제빵에 가장 적합한 물이다. 경도는 120~180ppm이다.

(3) 연수

연수(0~75ppm)는 글루텐을 연화시켜 점탄성을 크게 하고 끈적끈적한 반죽을 생성하며 반죽 발효가 빨리되도록 한다. 작업성이 나쁘며 이스트의 사용을 감소시키고, 물도 2% 정도 감소된다. 또한 가스보존력이 약하고 빵의 크기를 작게 만들어 이스트푸드와 소금을 증가시킨다. 연수로 빵을 만들면 촉촉한 느낌이 들지만 빵에 힘이 없게 된다. 또 빵의 맛, 내상, 색과 텍스처가 나빠진다.

2) 알칼리성 물과 산성물

(1) 알칼리성 물

알칼리성 물은 반죽의 발효를 극도로 저해하며 이스트 활성도가 약해지게 한다. 이를 이용하면 빵의 색과 맛이 나빠지고, 볼륨이 적으며 내상이 마른다. 반죽은 조금 미숙성되므로 산을 첨가시켜 pH를 조절하거나 산성 이스트푸드를 사용해야 한다. 물에 pH가 7.5 이상이면 로프균이 발생하기 쉽다.

(2) 산성 물

산성 물은 발효가 빠른데 가스 보유력이 빈약하며 빵 볼륨이 작고 색은 하얗게 되며 맛이 없어진다. 산성이 너무 강한 물은 글루텐을 용해하여 반죽이 처지게 할 위험이 있다. 따라서 알칼리제나 소금의 양을 증가시켜준다.

3. 물의 사용 목적

1) 제과에 사용

물은 재료를 녹이며 밀가루 단백질에서 글루텐을 형성하고, 반죽 온도와 되기를 조절하여 부피를 크게 하는 4가지 목적으로 사용된다.

① 재료의 수화 　재료를 녹여주고 수화시킨다.

② 글루텐 형성 　밀가루의 글루텐을 형성시킨다.

③ 반죽 온도와 되기 조절 　반죽의 온도와 되기를 조절한다.

④ 부피 형성 　온도가 상승하면 증기압을 형성하여 공기팽창을 통한 부피를 크게 한다.

2) 제빵에 사용

물은 재료를 녹이며 밀가루 단백질에서 글루텐을 형성한다. 또 이스트의 활성화를 촉진하는데, 이때 이스트균이 감소하는 60℃ 이상이 되지 않도록 한다. 물은 반죽의 온도와 되기를 조절하므로 제빵 시에는 약산성의 물을 사용하는 것이 좋다. 제빵에서의 물의 사용 목적은 기본 재료, 재료의 균일한 혼합, 반죽 온도 조절, 효소의 움직임 관여, 전분의 팽윤작용, 반죽 유연성·신전성의 6가지가 있다.

① 기본 재료 　물은 반죽을 만드는 기본 재료이다.

② 재료의 균일한 혼합 　여러 가지 재료를 균일하게 섞이게 한다.

③ 반죽 온도 조절 　반죽의 성질, 온도를 결정하며 구운 제품에 영향을 준다.

④ 효소의 움직임 관여 　효소의 움직임을 용이하게 한다.

⑤ 전분의 팽윤작용 　전분을 부풀게 하며 팽윤하여 가용성이 있게 한다.

⑥ 반죽의 유연성·신전성 　반죽에 유연성, 신전성, 점착성을 준다.

소금

소금은 공기와 물과 마찬가지로 사람이 살아가는 데 없어서는 안 될 물질로, 식품에 짠맛을 섞어 음식 고유의 맛을 내준다. 제조법으로는 물소금, 천일제염법, 이온교환막 법의 3가지가 사용된다. 입자 크기에 따라 미세한 입자, 중간 입자, 거친 입자의 3가지로 나누어지며 정제도에 따라서는 호염과 정제염의 2가지로 나누어진다.

1. 소금의 특성

소금의 성분은 염화나트륨 99.9%, 수분 0.1%로 이루어져 있다. 생산량의 2/3가 암염 (돌소금)과 바닷물로 제조한 것이다. 소금의 특성은 맛, 용해성, 한제, 삼투압, 단백질 응고와 용해작용, 식품의 산화·변색 방지, 치환작용, 생리기능 유지의 8가지가 있다.

1) 소금의 맛

소금의 맛은 대비현상, 상쇄현상, 억제현상의 3가지와 관련이 있다.

2) 용해성

용해성은 소금이 물에 잘 녹는 성질로 소금은 온도에 따른 용해도 차이가 적다.

3) 한제

한제는 소금과 물을 1 : 3의 비율로 혼합하여 만들며 온도가 −21℃ 정도까지 저하되므로 즉석 아이스크림 제조에 사용된다.

4) 삼투압

삼투압은 물분자가 소금기가 적은 곳에서 많은 곳으로 이동하는 현상이다. 삼투압 소금물은 식품 중의 잡균 번식을 억제하기 때문에 삼투압을 이용하여 수분을 축출한다. 수산물, 육류의 염장, 채소절임 등 가공·보존 식품에 이 원리가 이용된다.

5) 단백질 응고와 용해작용

소금은 육제품 및 어묵 제품의 근원섬유를 조성하고 있는 단백질을 단백질 응고와 용해작용에 따라 가용화·젤화시킨다. 5% 이상의 소금물은 단백질을 응고시킨다. 밀가루의 단백질 응고와 반죽의 점성도 증가시킨다.

6) 식품의 산화·변색 방지

소금은 식품의 산화·변색도 방지한다. 소금물은 사과를 갈변시키는 폴리페놀효소 작용을 방지한다. 또한 푸른 채소를 삶을 때 클로로필의 퇴색을 방지한다.

7) 치환작용

치환작용은 화합물의 원자를 바꾸는 반응이다. 채소를 데칠 때 소금을 넣으면 세포를 단단히 고정하고 있는 펩탄산 칼슘과 치환하여 부드러워진다.

8) 생리기능 유지

생리기능 유지와 관련해서 소금은 체내에서 다른 무기 성분이나 단백질과 함께 세포와 체액의 삼투압을 조절한다.

2. 소금의 사용 목적

1) 제과에 사용

제과에서의 사용 목적은 향·맛 향상, 색깔, 풍미 관여, 잡균 번식 방지 및 보존효과의 4가지이다.

① 향, 맛의 향상 소금 특유의 짠맛은, 당분과 조화되어 과자의 단맛을 줄이며 각 재료의 맛을 내준다. 밀가루를 기준으로 약 1.5~2.0% 이하를 사용한다.
② 색깔 과자의 색깔을 하얗게 하여 내상을 좋게 한다. 잔당류에 관계하여 껍질 색을 낸다.
③ 풍미에 관여 설탕의 감미와 작용하여 맛을 조절하며 과자의 풍미를 좋게 해준다.
④ 잡균 번식 방지 및 보존효과 삼투압, pH 조절 작용에 의해 박테리아 번식을 제압하고 과자의 향미를 좋게 한다.

2) 제빵에 사용

제빵에서의 사용 목적은 향·맛 향상, 반죽의 글루텐 강화, 내상을 희게, 발효 속도 조절, 풍미 관여, 잡균 번식 방지의 6가지이다.

① 향, 맛의 향상 소금 특유의 짠맛과 나쁜 향들을 상쇄해준다. 당분과 조화되어 빵맛을 좋게 하며 각 재료의 맛을 내게 한다. 소금의 사용량은 밀가루를 기준으로 약 1.5~2.0% 정도이다.
② 반죽의 글루텐 강화 소금은 단백질 분해효소(프로테아제)의 활성을 저해하고 글루텐 결합에 직접적으로 작용하여 글루텐을 강화시킨다.
③ 빵의 내상 색깔을 희게 소금은 빵의 색깔을 희게 하여 내상을 좋게 한다. 잔당류에 관계하여 껍질 색을 낸다.
④ 발효 속도 조절 이스트가 활동하기 위해서는 당분이 필요하며, 소금은 반죽의 발효 속도를 조절해준다. 소금 사용량은 2% 이하로 한다. 3%가 넘으면 가스 발생이 크게 줄어든다.
⑤ 풍미에 관여 빵의 풍미를 좋게 하는 효과를 얻을 수 있다.
⑥ 잡균 번식 방지 소금은 삼투압에 의해 박테리아 및 잡균의 번식을 제어하여 빵의 향미가 좋아진다. 장시간 발효 시 소금 양을 늘리면 산패속도를 늦출 수 있다.

SECTION 08

이스트

이스트(영yeast · 프Levure · 독Hefe)는 빵 · 맥주 · 포도주를 만드는 데 쓰는 살아있는 미생물로 효모라고도 부른다. 제빵 시 야생 효모균을 이용한 유산균이나 초산균의 작용을 이용하여 부드럽고 향이 나는 제품을 만드는 데 사용한다. 오늘날 사용되는 이스트는 1857년에 파스퇴르가 발견한 것으로, 편리성을 인정받아 여러 종류의 새로운 제품들이 이용되고 있다.

현재 약 600종의 이스트가 있는데, 제빵용으로 쓰이는 것은 사카로미세스 세르비지에*Saccharomyces cerevisiae*뿐이다. 이 이스트는 아주 작은 세포들로 구성된 살아있는 유기물이다. 제빵용 이스트는 150년 이상 유럽에서 상업적으로 생산되어왔다. 200년 전부터 오늘날과 같은 이스트가 만들어지면서 과학적인 제빵이 발전하게 되었다.

1. 이스트의 제조법과 종류

빵 제품을 팽창시키는 방법에는 여러 가지가 있다. 빵효모는 반죽 속에서 발효되어 이스트의 작용으로 발생되는 알코올과 탄산가스를 이용하게 된다. 이 가스가 반죽을 팽창시키고 빵의 조직을 만들며 발효가 끝난 결과 생긴 알코올 · 알데히드 · 케톤 · 유기산이 빵맛을 결정하게 된다.

사람들은 제빵용 이스트를 빵 제품의 팽창을 위해 사용하며 맥주를 위한 양조회사들은 양조용 이스트, 와인 생산자들도 또 다른 특수한 이스트를 사용한다. 양조용 이스트와 와인용 이스트는 반죽을 팽창시키는 데 적당하지 않다.

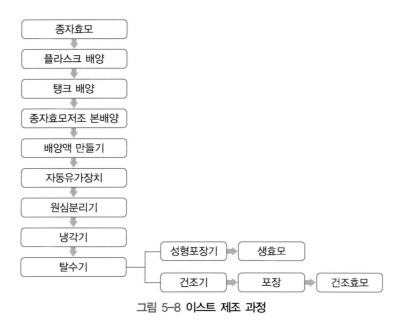

그림 5-8 이스트 제조 과정

이스트의 제조 과정은 그림 5-8과 같다.

이스트는 형태에 따라 생이스트, 건조 이스트, 인스턴트 이스트, 냉동 이스트 등 4가지가 있다. 그러나 반죽의 성질에 따라서는 고당 반죽용, 무당 반죽용, 냉동 반죽용 등 3가지로 나누기도 한다.

① 고당 반죽용 이스트(보통 이스트) 식빵, 과자빵, 데니시, 페이스트리 등에 사용한다.
② 무당 반죽용 이스트 프랑스빵, 하드롤 등에 사용한다.
③ 냉동 반죽용 이스트 데니시, 페이스트리, 도넛 등에 사용한다.

1) 생이스트

생이스트(압착효모)는 배양한 효모를 원심분리기로 배양액에서 분리한 효모를 그대로 압축하여 500g으로 정형하여 만든 것이다. 수분을 60~70% 함유하고 있으며 알부민과 수분으로 이루어져 보존성이 낮고 자기소화를 일으키기 쉬운 성질이 있다. 생이스트는 1g 중 세포 수가 50~100억 개이다. 보통 0℃에서 2~3개월, 13℃에서 2주, 22℃에서 1주일 정도 보관할 수 있다.

표 5-14 이스트의 성분과 사용량(%)

종류	수분	단백질	탄수화물	무기질	비타민	사용량
생이스트	67~72	40~45	35~45	5~10	다량	100
활성건조 이스트	6~9	30~35	40~50	5~10	다량	40~50
인스턴트 이스트	4~6	38~60	35~50	5~10	다량	33~40

2) 건조이스트

건조이스트dry yeast, active dry yeast의 제조는 생이스트의 생산 공정과 거의 같으나 마지막에 덩어리로 만드는 과정 대신에 수분을 제거하기 위해서 건조 과정을 거치며 활성 건조 이스트active dry yeast라고도 부른다. 이 과정에서 약간의 이스트 세포들이 죽거나 힘이 약해지며, 건조한 상태를 재수화시킴으로써 이스트의 활성이 매우 감소된다. 그러나 이러한 적은 수분량은 이스트의 보관을 용이하게 하여, 25℃에서도 수주일간 기능 감소 없이 저장할 수 있게 된다. 생이스트와 같은 온도(5℃)에서 보관하면 여러 달동안 변질 없이 저장할 수 있다.

건조이스트의 대표적인 특징은 발효력이 균일하고 보존성이 좋으며 계량이 용이하여 냉장 보관하지 않아도 된다는 점이다. 7.5~8.5%의 수분을 함유하고 있어 저장성이 훨씬 크다. 일반적으로 사용되는 건조이스트(드라이이스트)는 대부분 프랑스, 네덜란드, 미국에서 수입된 것이다.

3) 인스턴트이스트

인스턴트이스트instant yeast는 활성건조이스트의 일종으로 건조이스트처럼 번거로운 예비발효(재수화 작업)를 줄이기 위해서 개발된 제품으로 물에 녹여서 사용할 필요가 없다. 오늘날에는 이스트의 성분외 여러 가지 물질들을 첨가하여 다양한 제품의 특성을 살려준다. 대표적인 것으로 설탕이 많이 들어가는 단과자빵과 같은 고배합의 제품과 프랑스빵과 같은 저배합의 제품을 위한 종류가 있다.

인스턴트 이스트의 경우 보통 진공포장으로 나오기 때문에 실내 온도에서 1년을 보관해도 이스트의 활동력은 감소하지 않는다. 그러나 한 번 사용했을 경우에는 공기 중의 산소와 수분을 급격히 흡수하게 되어 3~5일 정도만 보관이 가능하다. 여러 가지 장점들이 있지만 단점도 가지고 있으며 특히 발효 과정에서 5~15분 정도는 늦게 진행되므로 주의를 기울여야만 한다.

4) 냉동이스트

냉동이스트는 냉동 반죽에 적합하도록 내동성을 갖춘 이스트이다.

2. 이스트의 기능

이스트의 중요한 기능은 반죽의 발효, 온도, 발효 환경과 pH, 발효 생성물 4가지이다. 이스트는 효모의 영양원은 아니며 글루텐 수축의 효과가 있다. 그러므로 숙성에 효과가 있고 빵 용적을 크게 하며 잡균에 오염되는 것을 방지한다. 그리고 효모 세포에 제재 작용이 있고 빵의 부피 증가와 풍미를 좋게 한다.

1) 반죽의 발효

반죽의 발효는 이스트의 중요한 기능으로, 반죽은 발효 시 생성되는 탄산가스에 의해 팽창된다. 발효는 알코올, 산, 열 등이 부산물로 생성되어 발효 과정에서 원하는 반죽의 부피와 독특한 향을 얻을 수 있다. 반응을 살펴보면 다음과 같다.

① 이스트가 발효되는 동안 발생한 탄산가스들이 잘 반죽되어있는 글루텐막에 쌓인다.
② 이러한 과정은 적절한 환경 아래에서만 최대의 효과를 내며 발효온도, 반죽온도, pH, 설탕의 함량 등에 따라 그 효과는 달라진다.
③ 이스트 발효 시 4~6%의 설탕이 들어있으면 가스 생산력을 최고로 발휘할 수 있다.

2) 온도

온도는 발효에 매우 중요한 요소이다. 이스트는 발효실의 온도에 매우 민감한 반응을 보인다. 온도 38℃까지는 가스 생성력이 증가하지만 그 후로는 감소된다. 생명력이 있는 이스트는 온도 55~60℃에서 모두 사멸되는데, 가장 치명적인 온도는 54~56℃

이다. 따라서 오븐에서 구울 경우 초기의 5~10분 동안에는 이스트가 살아서 활동하므로 오븐 스프링이라는 팽창 효과를 얻을 수 있다.

반응속도는 온도 변화에 따라 온도 15~20℃에서는 느리게 반응하며, 온도 27℃에서는 정상적으로 반응하고 온도 32~38℃에서는 빠른 반응을 보이기 때문에 2차 발효의 온도를 이 범위 내에서 책정하면 원하는 제품의 부피를 빨리 얻을 수 있다.

표 5-15 **발효 조건과 온도**

발효 조건	온도
발효 적당 온도	28~32℃
빵의 효모	24~35℃
발효 정지 온도	5℃ 이하
자기소화 온도	40~50℃
사멸 온도	65℃
번식 최적 온도	27~28℃

3) 발효 환경과 pH

발효 환경 중 pH는 산과 알칼리를 구별하며 pH의 경우도 이스트의 발효 환경에 영향을 주게 되며, 최적의 상태는 pH 4~6이다. 발효에서 중요한 가스의 생성력은 이스트의 사용량이나 온도나 산가와 같은 반죽의 상태 그리고 이스트의 영양분 및 작용하는 효소 등에 따라 다르게 나타난다.

4) 발효 생성물

발효 생성물은 이스트의 발효 과정에서 부산물로 나오는 알코올과 산 등은 굽기 과정에서 대부분 소멸되고 극소량만 남는데 이 소량의 부산물이 굽기 과정의 높은 온도에서 반응을 일으켜 새로운 향을 만들어낸다. 특히 빵의 향과 아밀알코올의 관계는 매우 중요하며, 껍질 부분에 형성된 여러 가지의 유기물들이 향을 좌우하기도 한다.

3. 이스트의 효소 활동

1) 이스트에 작용하는 효소의 종류

이스트의 발효가 시작되면 이스트의 번식 단계, 전분 분해효소에 의한 이스트 활동의 2가지 작용이 일어난다.

① 첫째, 이스트가 당분을 영양분으로 하여 번식을 하는 단계로 당분의 공급이 끊기면 이스트는 활동을 중지하게 된다.
② 둘째, 밀가루에 있는 효소에 의해서 전분이 분해되어 당분으로 변화를 일으키고 계속해서 이스트에 있는 효소의 도움으로 이스트의 활동을 지속시키는 단계이다.

이러한 이스트에 작용되는 효소는 말타아제, 인베르타아제, 치마아제, 리파아제, 프로테아제의 5가지이다.

① 말타아제　맥아당은 두 분자의 포도당으로 만들어 치마아제의 발효 기질로 된다 (최적 pH 6.0~6.8, 적정 온도 30℃ 전후).
② 인베르타아제　세포벽을 통하여 자당은 인베르타아제에 의해 포도당과 과당으로 분해시킨 다음 치마아제에 의해 발효된다(최적 pH 4.2 전후, 적정 온도 50~60℃).
③ 치마아제　포도당, 과당 등을 이용하여 알코올 발효를 하여 에틸알코올과 탄산가스를 생성한다(최적 pH 5.0 전후, 적정 온도 30~35℃).
④ 리파아제　지방을 지방산과 글리세린으로 분해한다.
⑤ 프로테아제　단백질을 분해하고 아미노산을 생성하여 이스트의 영양물질로서 이용된다. 세포내적 효소이기 때문에 신선한 이스트에서는 검출되지 않는다(빵 발효에 관여하지 않음).

표 5-16 이스트의 효소

종류	분해물	생성물
말타아제(maltase)	맥아당	포도당 + 포도당
인베르타아제(invertase)	자당	포도당 + 과당
치마아제(Zymase)	포도당, 과당	알코올, 탄산가스, 향
리파아제(lipase)	지방	지방산 + 글리세린
프로테아제(protease)	단백질	아미노산 + 펩티드

2) 이스트의 활동 조건

이스트의 활동을 빠르게 하려면 반죽을 부드럽게 하고, 소금량을 줄이고, 반죽 온도는 높게 하며, 이스트 사용량을 늘리는 등 5가지 조건이 필요하다. 이스트의 활동 조건은 반죽을 부드럽게 함, 소금 사용량 감소, 반죽 온도 높임, 효모 사용량 증가, 설탕 사용량 감소의 5가지이다.

① 반죽을 부드럽게 반죽한다.
② 소금의 사용량을 줄인다.
   - 🧁 1~2% 정도는 차이가 없다.
   - 🧁 2.5%가 넘으면 가스 발생이 억제된다. 3%가 넘으면 발효가 훨씬 제압된다. 빵맛이 완전히 나빠진다.
③ 반죽 온도를 높게 한다.
   - 🧁 온도 30~32℃에는 발효가 번성하지만 반면 빵의 산미를 느낄 수 있게 된다. 노 타임법은 별도이다.
   - 🧁 온도 35℃ 이상에서는 잡균이 증식하여 효모의 활동을 약하게 한다.
④ 효모의 사용량을 늘린다. 많으면 부재료와 균형이 맞지 않아 빵에서 이스트 냄새가 날 경우가 있다.
⑤ 이스트의 활동을 늦게 하려면 반죽을 딱딱하게 하며, 소금 사용량을 늘리고, 온도를 내리며, 설탕 사용량을 줄인다.
   - 🧁 딱딱하게 반죽한다. 반죽이 딱딱하면 효모의 반죽팽창력에 의한 저항이 생긴다.
   - 🧁 소금 사용량을 늘린다.

이스트 용해 수온 ─────────────────────────●

여름에는 수돗물, 겨울에는 30℃ 정도의 온수를 사용한다. 용해 수온은 반죽 발효 상태를 조절한다. 용해 수온을 40℃로 만든 빵은 조금 끈적거림을 느낄 수 있다.

이스트의 용해 수온과 발효

용해 수온(℃)	제1발효(cc, 105분)	제2발효(cc, 50분)
20	345	345
30	375	360
40	295	295
50	155	155
60	155	155

🍚 온도를 내린다. 온도가 낮으면 효소작용이 낮아져 발효 속도가 늦어진다.
　　　　온도 16℃ 이하에서는 극도로 저하된다.
　　🍚 설탕을 적게 사용한다. 설탕은 이스트의 먹이이므로 설탕을 적게 사용하면
　　　　치마아제 효소의 움직임이 저하되어 발효되지 않는다.

3) 이스트와 소금, 설탕

이스트와 소금, 설탕은 밀가루와 그 외의 부재료와 함께 혼합할 경우 빵이 만들어지는
상태가 각기 다르게 나타난다.

(1) 소금의 첨가량은 발효를 지배

소금의 첨가량은 발효를 지배한다. 소금은 사용하는 방법에 따라 빵을 좋게 하거나
나쁘게 한다. 소금 3% 정도는 식빵의 만들어짐을 좋게 한다는 보고가 있으나 3%는
짜서 먹을 수 없기에 미국에서는 2% 정도로 첨가하고 있다.

표 5-17 제빵에서의 소금 양에 따른 탄산가스 발생 정도

소금(%)	0	1.5	5.0	10.0
탄산가스발생량(cc)	240	228	164	32

(2) 설탕에 담갔을 때의 반죽 발효력 증가

이스트를 사용할 때 먼저 설탕물에 적셔 두면 이스트의 활력이 늘어난다. 그러나 당이
많으면 좋은 빵이 만들어지기 어렵다. 표 5 – 18과 5 – 19의 실험 결과, 녹는 물에 대해
설탕 3g(15%)을 10~15분 정도 담갔을 때 반죽 발효력이 가장 큰 것으로 나타났다.

표 5-18 당의 양에 따른 반죽의 팽창(실험)

이스트를 녹이는 물에 넣는 당량 (물 200cc에 대해)	반죽 팽창		실험 조건
	제1발효(cc)	제2발효(cc)	
0g	340	385	밀가루 100g
0.2	380	400	식염 1.7g
0.50	350	400	당량 3g
1.00	350	405	흡수 55g
2.00	350	410	반죽온도 30g
3.00(15%)	380	425	

표 5-19 **설탕물에 적셔놓은 시간에 따른 반죽의 팽창(실험)**

설탕에 적셔놓은 시간 (물 20cc에 대해)	반죽 팽창		실험 결과
	제1발효(cc)	제2발효(cc)	
0분	305	370	10~15분 정도가 좋았다.
10	360	420	
20	360	400	
30	350	400	
40	290	290	

4) 이스트의 사멸온도와 작용시간

이스트의 사멸온도와 작용시간의 관계는 표 5-20과 같다.

표 5-20 **이스트의 사멸온도와 작용시간**

사멸온도(℃)	작용시간	사멸온도(℃)	작용시간
40	100분 이상	52	2분 이내
45	35분 이상	55	30초 이내
47	17분 이상	60	10초 이내
50	7분 이상		

4. 이스트의 선택과 취급·보관

1) 이스트의 선택

이스트를 선택할 때는 보존성이 뛰어나고, 이미·이취가 없고, 신뢰할 수 있는 품질이며, 발효력이 좋고, 발효저장성이 강하고, 이스트맛이 없으며, 덩어리가 생기지 않고, 실온 방치 시간이 길고, 탄산가스 발생이 일정하며, 유해미생물이 없고, 반죽 발효와 소금의 발효력 저하가 없는 13가지 조건이 우수한 것을 골라야 한다.

① 보존성이 뛰어나고 내당성과 내동성이 있어야 한다.
② 이스트 그 자체에 이미와 이취가 없어야 한다.
③ 다른 미생물에 의한 오염이 없어야 하며, 발효 중 빵의 품질을 저하시킬 수 있는 물질이 생성되지 않아야 한다.

표 5-21 **이스트의 사용량 증가와 감소**

이스트 사용량의 증가	이스트 사용량의 감소
발효시간이 감소한 때	천연효모와 이스트를 함께 사용할 때
설탕, 우유, 소금 사용량이 많을 때	발열시간을 늦게 할 때
글루텐 질이 나쁜 미숙한 밀가루를 사용할 때	실온이 높거나 작업량이 많을 때
알칼리성 물을 사용할 때	손으로 작업할 때
반죽온도가 조금 낮을 때	반죽온도가 높을 때

④ 신뢰할 수 있는 품질이며, 언제 사용하든 반죽의 숙성속도나 팽창에 변화가 없는 것이어야 한다.

⑤ 발효력이 강하고, 지속성이 있어야 하여, 용해가 쉽고 반죽 속에 균일하게 분산되어야 한다.

⑥ 밀가루 속의 발효저해물질에 대한 저항력이 강해야 한다.

⑦ 이스트의 맛이 거의 없을 정도로 미약하며, 약한 알코올 맛이 나는 것이 좋다.

⑧ 물에 녹였을 때 덩어리가 생기지 않으며, 유백색에서 엷은 황갈색을 띠는 것이 좋다.

⑨ 이스트를 실온에 방치해도 상당 시간 발효력이 저하되지 않아야 한다.

⑩ 반죽 숙성에 있어 숙성 속도나 탄산가스 발생이 일정해야 한다.

⑪ 빵의 풍미와 색깔을 좋게 하고, 균이나 유해 미생물이 없는 것이어야 한다.

⑫ 어떤 조건에서도 반죽 중의 여러 가지 당류를 발효시킨 것이어야 한다.

⑬ 반죽 중에 배합된 소금으로 발효가 저해되지 않는 것이어야 한다.

2) 이스트의 취급·보관

이스트의 취급·보관에서는 온도와 장소의 2가지가 중요하다.

(1) 이스트의 취급

① 이스트의 취급은 온도 2~5℃에 냉장하여 중심부까지 차게 한다. 효모는 단백질로 구성되어있어 온도에 약하기 때문이다.

② 저장 효소가 온도 30℃ 이상으로 상승하면 자기발효를 일으킨다. 당분이 있는 환경에서는 효모는 당분을 이용해 발효하는데 당분을 먹고 온도가 상승하면 체내의 글루코겐을 소화해서 발효하므로 활성도가 낮아져서 연화가 시작된다.

③ 자기소화는 자기 자신이 갖고 있는 효소에 의해서 자신의 세포를 분해해버리는 현상으로 자기 발효가 지나면 효모는 약하게 된다. 그러나 생명은 아직 유지하고 있는 상태이다. 더 진행되면 세포 내의 프로테아제가 활동을 시작하여 자기의 체단백질을 분해하게 된다. 또 세포액이 체외로 흘러나오는 상태가 된다.

(2) 이스트의 보관

이스트의 보관 시에는 냉장 보관, 습도·소금 등에 접촉을 피하는 등 7가지 사항에 주의한다.

① 생이스트 꼭 냉장고에 넣어 보관한다. 생이스트의 수분은 65~70%이므로 그대로 실온에 방치하면 호흡작용에 의해 발열하고 자기소화를 일으켜 발효력을 잃게 된다.

② 건조이스트(진공 또는 질소 충전 포장의 경우) 개폐 전에는 실온 관리도 좋다. 개폐 후에는 밀봉해서 꼭 냉장고나 냉동고에 보관한다.

③ 이스트는 살아있는 생물이므로 낮은 온도에서 활동력이 감소된다. 이스트의 세포는 60℃ 전후에서 죽는다.

④ 믹서의 기능이 불량한 경우에는 약간의 물에 풀어 믹싱하면 전 반죽에 고루 분산된다.

⑤ 이스트와 소금은 가급적 직접 접촉하지 않도록 해야 한다.

⑥ 제빵실에서는 날씨도 감안해야 한다. 고온다습한 날에는 이스트의 활성이 증가되므로 반죽 온도를 낮추어야 한다.

⑦ 저장온도는 0~7℃를 유지한다. 이스트는 영하 3℃ 이하에서 활동을 멈춘다. 특히 7℃ 이하의 온도에서 저장할 때는 일정 온도를 계속 유지하는 것이 더 유리하다. 예를 들어 온도 범위가 0~7℃로 편차가 있는 곳보다는, 7℃로 일정한 상태에서 보관하는 것이 더 좋다.

(3) 이스트의 동결과 처리

① 동결한 효모를 사용할 때 가열하면 액상이 되어 쓸 수 없다. 해동 시 세포를 동결시켜 파괴하기 때문이다.

② 이스트는 8℃ 전후의 실온 또는 냉장고에서 해동한다. −10℃로 해동한 효소는 물로 해동해도 좋다.

③ 효모는 급속 동결하면 세포가 사멸되는데, 1분간 5℃ 전후라면 급속 냉동이 아닐 경우 −60℃가 되어도 사멸되지 않는다.

④ 효모의 동결과 해동을 반복하면 냉장고 안에 넣고 빼는 것을 반복하는 것이나 마찬가지이므로, 효모의 품질이 좋지 않게 된다. 이는 더운 날 효모를 밖에 내놓았다가 들여놓는 것과 같다.

⑤ 냉동 반죽을 장시간 동결 보관하면 좋은 결과가 나오지 않는다. 효모의 동결 장해에 의해 체내 성분이 용출되기 때문에 반죽의 물리성을 약화시킬 수 있다.

5. 이스트의 사용 목적

이스트를 제과·제빵에 사용하는 목적은 다음과 같다. 반죽을 발효시키고, 풍미와 식감을 좋게 하고, 제품 부피를 크고 부드럽게 하는 것이다.

1) 제과에 사용

제과에서의 사용 목적은 반죽 발효, 반죽 신장성·탄력성 증가, 반죽 부피 증가, 제품을 크고 부드럽게 하는 것의 4가지이다.

① 발효과자의 반죽을 발효시킨다.
② 발효과자 반죽에 신장성과 탄력성을 준다.
③ 발효과자 반죽의 부피를 크게 한다.
④ 제품의 부피를 크게 하고 부드럽게 만든다.

2) 제빵에 사용

제빵에서의 사용 목적은 반죽 발효, 독특한 풍미와 식감, 반죽 신장성·탄력성 부여, 제품 부피 증가의 4가지이다.

① 이스트는 반죽을 발효시킨다.
② 독특한 풍미와 식감을 낸다.
③ 반죽에 신장성과 탄력성을 부여하는 숙성 과정을 진행시킨다.
④ 반죽과 제품의 부피를 크게 한다.

이스트푸드

이스트푸드yeast food란 이스트 발효를 촉진시키고, 빵 반죽과 빵의 질을 개량하는 약제를 말한다. 본래는 미국에서 제빵용의 수질(물)을 개선하고자 사용했던 것이다. 오늘날 이스트푸드는 수질을 개선하고, 이스트 발효를 활성화하고, 빵 반죽을 개량하는 데 사용되면서 반죽개량제dough conditioners라고도 불린다.

다시 말해 이스트푸드는 이스트의 식량, 즉 영양원의 의미를 지니나 효모의 활동을 조성하고, 반죽의 발효를 조절하고, 글루텐의 성질을 개량하는 등의 효과, 반죽의 pH를 조정해주는 첨가물의 5가지 역할을 한다.

1. 이스트푸드의 종류

이스트푸드는 크게 무기 푸드, 유기 푸드, 혼합 푸드, 속성제의 4가지로 나눌 수 있다.

① 무기 푸드 취소산 칼리(글루텐의 산화제), 염화암모늄(무기의 질소), 류산칼슘(인산칼슘) 등을 배합한 것이다.
② 유기 푸드 분말(아밀라아제, 프로테아제), 맥아 분말(아밀라아제)을 배합한 것이다.
③ 혼합 푸드 무기와 유기를 혼합한 것이다.
④ 속성제 바이오리곤처럼 무기, 유기 혼합에 취소산 칼리 또는 비타민 C(아스코르브산)의 산화제를 많이 배합한 것이다.

2. 이스트푸드의 성분과 기능

이스트푸드는 질소액(이스트의 영양), pH 조정제, 효소제, 수질개량제, 환원제, 유화제 등 6가지로 짜임새에 알맞게 배합되어있다. 밀가루량의 0.2~2%를 사용하여 보다좋은 최종 제품 품질을 위해서 반죽 공정을 개량하는 특성을 가지고 있다. 이스트푸드의 기능은 수질 개량, 이스트의 영양 공급, 반죽 물성의 개량, 반죽의 pH 조절, 환원제, 반죽건조제, 계면활성제, 분산제의 8가지이다.

1) 수질 개량

수질 개량에는 류산칼슘^{CaSO_4}, 산성 인산칼슘$^{Ca(H_2PO_4)_2}$이 효과가 있다. 연수의 경우 글루텐 연화를 방지해 반죽을 수축하고 가스 보존력을 늘린다. pH 조절 효과도 있으며, 빵 부피를 증대시킨다. 경수 개량에는 맥아분말(유기 푸드)를 사용한다.

2) 이스트의 영양 공급

이스트의 영양 공급에서는 염화암모늄^{NH_4CL}, 류산암모늄$^{(NH_4)_2SO_4}$(인산암모늄)이 이스트의 생장과 작용을 활발하게 하는 영양원으로 무기 암모늄염을 쓴다. 이스트는 식물로 N, P, K의 3요소가 필요하다. P와 K는 반죽 중에 충분히 들어있으므로 첨가하지않아도 좋다. 그러나 N은 이스트푸드를 보존하는 영양 보급원이기 때문에 이스트의 질소원이 되어 반죽의 신전성을 늘리고 발효를 촉진한다.

3) 반죽 물성의 개량

반죽의 물리성 개량이 이스트푸드의 역할 중에서 제일 중요하다. 간혹 밀가루의 특성변화에 따라 흡수가 나빠지고 반죽이 끈적거리거나 빵 용적이 나오지 않는 경우가 있다. 반대로 반죽이 너무 수축될 경우도 있다. 이러한 현상을 개량해주는 것이 바로산화제와 효소제이다.

    산화제는 반죽을 끊어 당겨 효소제가 반죽의 신장성을 좋게 하는데 취소산 칼리, 비타민 C(아르코르빈산)가 여기에 속한다. 효소제로는 아밀라아제, 프로테아제가있다.

(1) 산화제

산화제oxidizing agents는 프로테아제를 자극해 단백질 분해작용을 촉진시키며, SH 그룹을 산화시켜 단백질 분해효소를 늦추고 글루텐을 수축시켜 가스 보존력을 늘려 오븐 팽창에 효과가 있게 한다.

① 취소산 칼리　지효성(천천히 효과를 냄)이 있으며, 첨가량이 많아지면 산화력이 강해진다.

② 비타민 C　속효성(단시간 발효법)으로 반죽에는 효과가 나타내나 장시간 반죽의 경우에는 반죽이 수축하므로 구운 단계에서 반죽이 잘라지게 한다.

(2) 효소제

일반적으로 제빵에 쓰이는 효소제enzymes는 맥아의 아밀라아제가 많다. 프로테아제는 극히 소량이다.

① 아밀라아제　전분을 분해하여 맥아당을 만들고 발효 촉진과 풍미, 구운 색을 좋게 한다.

② 프로테아제　단백질을 분해하여 아미노산을 만들고 반죽을 부드럽게 하여 믹싱, 숙성 시간을 단축하고 빵의 부피를 크게 한다. 그 밖에 제리포시지나아제가 있다.

4) 반죽의 pH 조절

반죽의 pH 조절제는 산성 인산칼슘$Ca(H_2Po_4)_2$으로 이것은 이스트의 인산 영양원으로서 반죽의 pH를 산성으로 만들어 발효를 촉진시킨다. 또한 글루텐을 연화시키고, 기계 내성을 좋게 하며, 칼슘을 공급한다.

표 5-22 **취소산 칼리와 PH의 변화(중종의 변화)**

취소산 칼리(%)	믹싱 직후 pH	1시간 50분 후 pH
0	5.79	5.59
0.002	5.70	5.45
0.008	5.60	5.44
0.014	5.64	5.41

5) 환원제

환원제reducing agents는 반죽에서 산화제와 반대의 효과를 낸다. -S-S결합 형성을 방해하며 반죽의 시간 감소, 반죽의 신전성을 증가시키기 위해 L-시스테인이 사용된다.

6) 반죽건조제

반죽건조제^{dough drying Agent}는 이산화칼슘(과산화칼슘)은 반죽의 수분흡수율을 갖게 하여 부드러운 반죽을 형성시킨다.

7) 계면활성제

계면활성제는 반죽의 기계 내성 향상과 노화의 결합제로 그 성분은 모노디글리세라이드(글리세린 지방산 에스테르), 스테아릴 유산칼슘이다. 계면활성제의 첨가한 빵은 첨가하지 않은 빵보다 노화가 동일 조건하에서 1~1.5일간 더 부드럽다.

8) 분산제

전분은 분산제와 증량제로 쓰인다.

표 5-23 이스트푸드 소재별 사용 목적과 주요 효과

구분	소재	사용 목적	주요 효과
암모늄염	염화암모늄 황산암모늄 인산암모늄	효모의 영양원	발효 촉진(→ 빵 용적 증대) ※ 분해에 의해 생성되는 산은 pH를 저하시켜 발효를 자극한다.
칼슘염	과산화칼슘 황산칼슘 인산칼슘	물의 경도 조절	• 발효 안정, 글루텐 강화(→ 빵 용적 증대 • 발효 안정 • 발효 촉진
산화제	브롬산칼륨 요오드칼륨 아조디카본아미드 아스코르브산(비타민 C)	프로테아제의 불활성화 산화	글루텐 강화 (→ 빵 용적 증대)
환원제	글루타티온 시스테인	프로테아제에 활력을 줌 환원	• 글루텐 신장성 증가(반죽, 발효 시간 단축) • 노화 방지
효소제	α-아밀라아제 프로테아제	전분 분해 단백질 분해	• 발효 촉진, 풍미와 구운 색이 좋아짐, 노화 방지 • 글루텐 신장성 증가, 풍미와 구운 색이 좋아짐
계면활성제	글리세린 지방산 에스테르 (모노글리세리드) 스테아릴 유산칼슘	기계성 향상 노화 억제	생지 물리성 강화, 노화 지연
분산제	염화나트륨 전분 밀가루	발효 조절 분산 완충	• 계량의 간이화, 발효의 안정, 혼합접촉 변화 방지 • 계량의 간이화, 흡습에 의한 화학 변화 방지

3. 이스트푸드의 사용 목적

이스트푸드의 사용 목적은 물의 개선, 이스트의 영양, 반죽 물성 개선, 반죽의 pH 조절, 반죽의 환원제, 건조제, 분산제, 계면활성제의 8가지이다.

1) 제과에 사용

제과에서의 사용은 미비한 편이나 발효과자 제품을 만들 때 이스트 영양, 발효 촉진, 글루텐 강화, 기계 적성 개선의 5가지 기능을 한다.

① 발효과자 제조 시 발효 촉진으로 부피를 증가시킨다.
② 전분을 분해하고 pH를 조절하며 발효를 촉진한다.
③ 반죽과 제품의 노화를 방지한다.
④ 제품의 색깔을 좋게 한다.
⑤ 반죽의 부드러움, 분산 완충 작용을 한다.

2) 제빵에 사용

제빵에서의 사용 목적은 발효 촉진, pH 저하 발효 촉진, 발효 안정과 글루텐 강화, 발효시간 단축 및 노화 방지, 전분과 단백질 분해, 기계 적성과 물리성 개선, 발효 안정과 분산 완충의 7가지이다.

① 이스트의 영양원 발효 촉진하여 빵 용적을 증대시킨다.
② 전분의 분해에 의해 물의 경도를 조절하며 생성되는 산은 pH를 저하시켜 발효를 촉진한다.
③ 반죽의 발효 안정, 글루텐 강화, 발효를 촉진한다.
④ 글루텐 강화로 글루텐 신장성 증가하며 반죽, 발효시간 단축하고 노화를 방지한다.
⑤ 전분과 단백질의 분해로 발효 촉진, 풍미와 구운 색이 좋아진다.
⑥ 반죽의 기계 적성을 개선하며 물리성 강화로 노화를 지연시킨다.
⑦ 발효를 안정시키고 조절과 분산 완충을 한다.

SECTION 10

팽창제

팽창제expansion agent란 빵, 과자를 부풀리고 미관을 만들어 그 위에 부드러운 식감을 주고, 맛을 더 좋게 만드는 데 사용하는 첨가제이다. 팽창제를 넣으면 가스가 발생하여 반죽이 부풀어오르면서 아주 작은 공기주머니를 만드는데, 이 속에 열이 투과하여 반죽을 부드럽고 맛있게 익혀준다. 팽창제는 밀가루의 α화와 색깔에도 관여한다.

팽창제는 크게 천연품(효모)과 합성품으로 나누어진다. 합성품에는 중조를 비롯한 20여 종이 존재하며 각각 단독으로 사용하거나 두 종을 섞어 사용한다. 또 산성, 알칼리성 등으로도 나눌 수 있고 용도에 따라 이를 섞어 사용할 수 있다.

일반적으로 가열이나 중화작용에 의해 탄산가스CO_2나 암모니아 가스NH_3를 발생시켜 밀가루 반죽을 부풀리는 팽창제로는, 베이킹파우더B.P나 중조, 이스파우더, 암모니아 등이 있다. 가스발생제로는 탄산수소나트륨(중조, 중탄산나트륨), 탄산수소암모니아(중탄산암모늄, 중탄산), 탄산암모늄, 염화암모늄(염안)이 쓰인다.

팽창제는 그 자체로 물과 열을 받으면 이산화탄소(가스)나 암모니아를 발생시켜 강한 팽창력을 발휘한다. 또 식품을 알칼리성으로 만들고, 빵의 색을 누렇게 바꾸며 풍미를 떨어뜨린다.

1. 팽창제의 특성

팽창제의 특성을 살펴보면 베이킹파우더의 수용성은 40℃ 이상이 되면 CO_2가 발생하고, 80℃가 되면 약 40%가 발생, 80℃ 이상이 되면 가스 발생이 활발해진다. 탄산가스 발생 후에는 강한 알칼리성을 나타내고 제품은 차차 갈색이 되고 특유의 쓴맛이 되는 산성제를 추가해 중화하며, 그 결점을 보충할 수 있다. 찐만두, 카스텔라에는 밀가루의 1~1.5% 정도를 사용하면 된다. 많이 사용하면 제품이 부드러워지고 처지는 경향이 생긴다.

중조는 가열에 의해 NH₃가 발생하고 이는 비교적 오래 지속된다. 탄산수소나트륨과 겸용하면 가스 발생은 100℃까지 지속되고 소금맛이 조금 남는다.

2. 팽창제의 종류와 사용 목적

1) 팽창제의 종류

팽창제의 종류는 베이킹파우더, 이스트파우더, 염화암모늄, 베이킹소다, 소명반, 주석영, 주석산의 7가지이다.

(1) 베이킹파우더

베이킹파우더baking power, B.P는 베이킹소다와 산에 반응을 일으키는 매체로 된 제품이다. 미국의 FDA에 의하면 베이킹파우더는 정상적인 조건에서 실험하면 베이킹파우더 무게의 약 12%를 탄산가스로 배출시킬 수 있는 충분한 양의 소다sodium bicarbonate를 함유해야 한다. 베이킹파우더에 10~30%의 전분과 밀가루, 1~3%의 탄산칼슘 calcium carbonate 등을 첨가하여 만든다.

베이킹파우더는 합성팽창제로 B.P라고 표시하기도 한다. 중조나 탄산암모늄 등의 단독 사용하는 팽창제는 부족한 점을 많이 지니고 있으므로, 각 약제의 장단점을 보완해 여러 가지를 혼합 조정해 만든 것이 바로 베이킹파우더이다.

① 베이킹파우더의 종류　베이킹파우더는 성질에 따라 속효성 베이킹파우더, 지효성 베이킹파우더, 지속성 팽창제, 복합성 베이킹파우더의 4가지로 나눌 수 있다.

또 원료가 되는 성분 및 형태에 따라 암모니아계, 1제식, 2제식의 세 종류로 나눌 수 있다. 가스 발생 기본제를 넣고 다시 완충제(전분 등)를 넣고 혼합한 것으로 1제식과 2제식이 있다. 2제식은 가스 발생 기본제(알칼리성제)와 산성제를 2포식으로 세트한 것으로 보존성이 좋지만 사용상 불편하여 1제식이 대부분 쓰인다.

산성제로는 유기산성제로 주석산, 주석산 수소나트륨(주석영, 게레모레) 휘발산, 그리고 노딜타그크톤 등, 무기산성제로는 소명반, 인산1칼슘, 인산2수소나트륨, 피로린산 칼륨 등이 쓰이고 그 조합이나 배합에 따라 중조를 첨가하는 산성제에 따라 속효성, 중간성, 지효성의 3가지 종류가 만들어진다.

🧁 속효성 베이킹파우더: 속효성은 구움과 동시에 가스를 발생시키며 종류로는 주석산, 제일인산칼륨이 있다. 핫케이크나 찜케이크를 만들 때 사용된다. 반죽이 만들어짐과 동시에 수분과 접촉하여 반응하며 실내온도에서 대부분 가스가 방출되는 급격한 변화를 낸다. 낮은 온도에서 잘 녹는 산성제가 다량 녹아 중탄산소다와 반응하여 즉시 가스를 발생시키는데 구성은 '주석산＋중조＋전분'으로 이루어져 있다.

🧁 지효성 베이킹파우더: 온도가 높아져야 약하게 발생하며 반응이 늦게 일어나는slow-acting 제품이다. 온도가 낮은 곳으로 조금 시간에 놓아두어서 일정 열에 만나지 않고 변화가 일어나지 않는 것이다. 이 제품은 반죽하는 과정에서부터 가스가 발생되지만 주로 굽기 과정의 초기 단계인 40~50℃ 정도의 열에 의해서 가스를 발생한다. 반응이 늦고 고온에서 잘 녹아 가스가 발생하는 팽창제로 대개 '산성인산 주석산＋중조＋전분'이다. 지효성 팽창제는 온도가 높아야 가스가 발생하는 것으로 고온에서 짧은 시간 구워야 하는 케이크에 사용된다.

🧁 지속성 팽창제: 저온에서 고온까지 가스를 발생하며 반죽 시간과 굽는 시간이 긴 과일케이크, 버터케이크에 사용한다.

🧁 복합성 베이킹파우더: 반죽이 만들어짐과 동시에 조금씩 변화를 일으키는 것이다. 지효성과 속효성을 합쳐 반응이 한꺼번에 발생하는 것이 아니라 2단계로 나누어 가스를 발생하는 팽창제이다. 구성은 '중조＋주석산칼리＋산성인산석회＋소명반＋전분'이다.

전분의 사용은 약제가 모두 흡수성이 있으므로 그것들이 피복해 방습하기 때문에 가스 발생을 조화시키는 역할을 한다. 대체로 25~27%가 사용되고 있다.

② 베이킹파우더의 사용상 주의　베이킹파우더의 사용상 주의점은 목적에 맞는 종류 선택, 체질, 빠른 반죽 혼합, 보관 시 밀봉의 4가지이다.

🧁 목적에 맞는 종류의 것을 사용해야 한다.
🧁 사용할 때 밀가루와 혼합하고 다시 체로 쳐서 균일하게 혼합하여 사용한다.
🧁 반죽의 혼합 조작을 빨리한다.

🧁 보관은 어둡고 서늘한 곳에 하고 건조 상태에서 밀봉해둔다.

팽창제에서는 단백질의 연화작용도 얻을 수가 있다. 또한 이러한 팽창효과는 얇고 일정한 조직들을 이루게 되어 제품의 부피나 속질 등을 조절할 수도 있다. 이외에도 베이킹파우더는 제품의 색, 맛, 산도 등에도 영향을 미쳐 베이킹파우더를 많이 첨가할수록 알칼리성이 강해지고 제품의 색도 진하며 쓴맛이 나타난다.

③ 베이킹파우더의 기능   베이킹파우더의 기능은 가스를 발생시켜 반죽을 부풀리는 것이다. 화학적인 합성물로 된 팽창제는, 효과만 보면 이스트에 의해 생산되는 것보다 가스를 더 빨리 생산할 수 있다. 베이킹파우더를 사용하는 것은 반죽하자마자 원하는 부피의 제품을 구워낼 수 있는 가장 쉬운 방법이지만, 사용량이 제품의 종류나 다른 재료들과의 함량 차, 굽는 온도 등에 따라 달라진다.

케이크를 만들 때 베이킹파우더의 가장 중요한 기능은, 팽창효과로부터 얻은 공기로 제품을 크고 부드럽게 해주는 것이다. 특히 암모니아 가스를 생성하는데, 결과적으로 베이킹파우더에 있는 산과 소다의 양을 적절히 혼합해서 사용해야 이상적인 제품을 유지할 수 있다.

중화가(neutralization value, NV) ─────────────────────────────●

100g의 산을 중화시키기 위해 필요한 소다의 양을 말한다. 대개 사용하는 산의 중화가가 작을수록 반응이 빨리 일어나며, 중화가가 클수록 반응이 늦게 일어난다.

---

(2) 이스트파우더

이스트파우더yeast powder는 이스트와 베이킹파우더의 장점을 고루 갖추고 있어 '이스파다'라는 일본식의 독특한 이름을 갖게 된 조정혼합 팽창제이다.

① 이스트파우더의 제조법   이스트파우더의 제조는 산성, 수소, 나트륨과 염화암모늄을 배합해서 한다. 이스트파우더는 소다와 달리 가열하면 암모니아 가스가 발생하여 반죽을 하얗게 팽창시키지만, 암모니아 특유의 가스 냄새가 나기 때문에 베이킹파우더와 함께 사용하는 경우가 많다. 탄산수소나트륨에 비해 염화암모늄을 20~30% 배합한 것이다.

② 이스트파우더의 특징   이스트파우더 특징은 가스 발생제로서 두 종류의 약제, 즉 탄산수소나트륨(중조)과 염화암모늄을 발생시킨다는 점이다. 따라서 이스트파우더를 '암모니아계 합성팽창제'라 부른다.

이스트파우더는 두 종류의 가스를 발생시키기 때문에 탄산가스만을 발생시키는 베이킹파우더에 비해 반죽을 부풀리는 힘이 강력하다. 또한 이스트파우더는 가스를 발생시킨 반죽을 부풀릴 때 반죽 속에 염화나트륨과 물이 남기 때문에 반죽의 pH를 중성에서 비산성으로 조정하는 기능도 있다.

③ 제과·제빵에서의 사용 목적

- 🧁 이스트파우더를 찜만주에 넣어 사용하면 눈처럼 하얀색의 껍질을 얻을 수 있다. 이것은 밀가루 안에 들어있는 '플라보노이드'라고 하는 황색계 색소가 중성과 산성의 범위에서 무색으로 변하기 때문이다.
- 🧁 탄산가스와 달리 암모니아가스에는 독특한 냄새가 있다. 제품이 만들어지는 과정에서 발생한 암모니아 가스가 완제품에 조금이라도 남아있으면 과자 전체의 풍미가 나빠질 수 있으므로 주의해야 한다.
- 🧁 이스트파우더는 반죽 두께가 비교적 얇고 암모니아 가스를 발산하기 쉬운 제품, 예를 들어 만주의 피 등에 사용한다.
- 🧁 중조나 베이킹파우더와 같이 쓰는 경우가 많고 단독으로 쓰이는 경우는 많지 않다.
- 🧁 이스트파우더는 반죽 안에서 분산성이 그다지 좋지 않다.
- 🧁 완제품에 반점 모양의 얼룩이 나타나는 수가 있다.
- 🧁 사용하기 직전에 꼭 물에 잘 녹여서 쓰는 것이 좋다.
- 🧁 반생과자, 비스킷, 만주류 등의 잼류나 구운 과자류 등에 사용한다.
- 🧁 흰색을 내야 하는 과자류, 일본 과자를 만들 때에만 사용되고 있다.

(3) 염화암모늄

염화암모늄(염암)은 화산대의 존재하는 암모니아 염의 일종이다. 그 자체로도 팽창작용이 일어나지만 탄산암모늄을 넣으면 반응이 있고 이스트파우더 등에는 중화제로 쓰이고 있다. 장점으로는 극히 소량 사용해도 효과가 크고, 찜류에 사용하는 경우 제품의 색이 하얗게 된다. 단점은 구운 제품에 사용하면 소금맛이 조금 남기 때문에 사용할 수 없다는 것이다. 보통 물, 우유, 설탕, 당액 등의 수분으로 잘 섞고 용해시킨 후 사용한다.

(4) 베이킹소다

베이킹소다(중조, 소다, B.S)는 탄산수소나트륨의 속칭으로 열에 의해 분해되어 탄산가스CO_2를 발생한다. 또는 소금을 원료로 하여 만드는 백색의 결정체 분말로 20℃ 이상에서 가열하면 탄산가스가 발생한다.

① 베이킹소다의 장단점
🧁 장점: 베이킹소다는 알칼리성의 결정체로 밀가루 단백질인 글루텐을 부드럽게 하며, 비교적 소량을 사용해도 효과가 크다. 가열하면 생기는 이산화탄소는 반죽을 부풀리려는 팽창력이 강하다. 팽창 시 옆으로 부풀리는 경향이 있고, 제품의 색깔을 좋게 하며 구입 가격이 싸다. 코코아나 초콜릿이 들어간 스펀지 반죽이나 버터케이크 반죽에 베이킹소다를 쓰면 색깔이 진해진다.
🧁 단점: 베이킹소다는 탄산가스의 발생과 함께 알칼리성이 강한 탄산소다가 남으므로 제품이 황색이 되고, 쓴맛의 일종인 냄새를 낸다. 혼합이 불충분하면, 황색 반점이 생긴다.

반죽의 색이 노랗게 변하는데 밀가루에 들어있는 플라보이드라는 색소가 산성일 때는 무색이지만 알칼리성일 때는 노란색을 나타나게 하는 성질을 갖고 있다. 또한 탄산나트륨은 특이한 냄새를 발생하여 제품의 질을 떨어뜨리는 원인이 된다. 따라서 백색 외에 색이 변해도 상관없는 구운 과자, 찜 과자에 많이 사용한다. 그러나 반죽을 빨리 딱딱하게 하는 경향이 있다. 이때 크림타타(주석산)를 병용하면 제품에 지속을 연속으로 얻을 수 있고 냄새도 중화할 수 있다.

② 사용 및 보관법　베이킹소다의 사용은 물 우유, 당액 등 수분에 잘 혼합해서 섞고 용해시킨 후 한다. 중조는 종이상자에 들어있으나 구입한 후 플라스틱 용기에 그대로 넣든지 안의 내용물은 옮겨넣어 방습 보존에 신경 쓴다.

(5) 소명반

소명반은 유산알루미늄과 알칼리 금속, 암모늄, 카디움의 유산염 등 복합염으로 여러 가지 종류가 있다. 단순히 명반이라고 하면 카디움 명반$^{kai(SO_4)_2}$을 의미한다. 500℃ 이상의 열을 가하면 다공성 흰 덩어리가 되어 소명반이라고 한다.

① 소명반의 장단점
🧁 장점 : 소명반은 제품 내외부의 착색을 아름답게 하는 작용을 한다(표백). 따라서 반죽의 질을 수축시켜 좋게 하는 밤 등을 삶을 경우에는 하룻밤 명반수에 담가놓았다가 삶으면 부서지지 않는 것은 그것 때문이다.
🧁 단점: 팽화력이 탄산암모늄에 비교해도 약 10% 정도로 약하다. 한도량 이상 사용하면 떫은 맛이 난다.

② 사용 및 보관법   소명반의 사용은 물에 잘 용해해서 한다. 흡수성이 강하므로 보존 시 건조한 장소를 선택한다.

(6) 주석영

주석영(주석산 수소칼륨)은 크림 오브 타르타르, 즉 주석산 수소칼륨의 별명은 주석산으로 부르고 있다. 포도과즙을 발효시켜서 추출한 주석산의 하나로 흰자를 거품 낼 때, 또는 당액을 조릴 때 결정을 막기 위해 이용한다. 흰자는 순수한 단백질 수용액이기 때문에 특유의 산을 넣어주면 단백질과 수분이 쉽게 분리된다. 이 분리된 단백질이 모여 기포를 형성하기 때문에 흰자가 부풀면 거품이 일어나는 것이다.

① 장점   주석영은 저온에 반응이 부드러우므로 사용하기 쉽다. 제품에 냄새를 남기지 않고 제품의 풍미도 잃지 않는다. 주석영을 사용한 제품은 대기 중의 습기를 끌어들이므로 스펀지류(반생제품) 반죽에 쓰면 품질이 장시간 부드럽게 지속된다. 기포 흰자의 표면을 섬세하게 하고 설탕을 끓여 조릴 때 사용하면 설탕의 재결정(샤리)을 방지하는 효과를 준다. 스펀지케이크, 엔젤푸드케이크 제조에 사용한다.

② 단점   대기 중의 습기를 제품의 안에 끌어들이는 성상은 견과류에 사용하지 않는 것이 좋다. 매입 가격이 비교적 비싸다.

(7) 주석산

주석산은 2염기성 산미가 강한 유기산으로 특히 포도에 많이 들어있다. 무색 주상의 결정으로 물 또는 알코올에 잘 용해된다.

① 주석산의 장단점
  🧁 장점 : 주석산은 팽창 시 위로 부풀어오르는 성질이 있다. 또 제품의 내상과 표면의 기공을 가늘고 작게 만드는 경향이 있다. 산뜻한(상쾌한) 산미를 강조하는 제품에 사용한다. 소량으로 큰 효과를 볼 수 있다.
  🧁 단점: 주석산은 사용법이 다르게 다량을 쓰는 경우 효과를 얻을 수 없고 산미 성질만 제품에 나타낸다. 구입 가격이 비싸다.

② 사용 및 보관법   주석산의 사용은 밀가루에 잘 섞고 가는 체로 쳐서 균일하게 혼합하여 한다. 탄산암모늄이나 중조 등과 달리 액체 속에 넣어 사용하면 효과가 반감된다. 솜사탕과자(불과자)류에 사용할 경우에는 전분(분류)과 함께 쓴다. 사탕·과자류에 사용할 경우에는 끓여서 조린 직후 용해시켜 사용한다.

표 5-24 허용합성 팽창제

품명	대상 식품	작용
명반	빵, 과자	산제
소명반	빵, 과자	산제
암모늄명반	빵, 과자	산제, NH_3
염화암모늄	비스킷	NH_3
D, DL 주석산 수소칼슘	빵, 과자	산제
탄산수소나트륨	빵, 비스킷	CO_2
탄산수소암모늄	비스킷, 과자	CO_2, NH_3
탄산암모늄	비스킷, 과자	CO_2, NH_3
산성 피로인산나트륨	빵, 과자	산제
제1인산칼슘	빵, 과자, 비스킷	산제
탄산마그네슘	빵, 과자, 비스킷	CO_2
염기성 알루미늄 탄산나트륨	빵, 과자, 비스킷	CO_2

2) 팽창제의 사용 목적

팽창제의 사용은 반죽, 팽창, 제품 부피와 부드러움, 색깔과 향을 좋게 한다. 팽창제의 사용 목적은 가스를 발생시켜 반죽 팽창, 제품의 부피를 크게 하고 부드럽게 만듦, 향을 좋게 함, 구움과자나 찜케이크 등에 사용의 4가지이다.

① 반죽에 가스를 발생시켜 반죽을 팽창시킨다.
② 제품의 부피를 크게 하고 부드럽게 만든다.
③ 제품의 색깔과 향을 좋게 한다.
④ 베이킹파우더는 구움과자, 베이킹소다는 초콜릿과자, 암모늄은 쿠키 제품, 이스트파우더는 찜케이크 등에 사용한다. 베이킹파우더는 2~3%, 베이킹소다, 암모늄은 0.5% 정도를 사용한다.

유화제

물과 기름처럼 그대로는 결코 혼합되지 않는 액체가 다른 액체 중의 작은 입자가 되어 분산되는 현상을 '유화'라고 한다. 즉 유화제란 유화 상태를 오래 지속할 수 있는 기능을 가진 계면활성제로, 2~3%의 미량을 첨가하는 것만으로도 이러한 현상을 일으킬 수 있다.

1. 유화제의 성질

유화제의 성질은 물과 기름을 친화시켜 양자가 혼합되기 쉽게 해준다. 유화제의 성질은 친수성 부분(친수기)과 친유성 부분(친유기)을 가지는데 친수기와 친유기의 힘이 달라 친수기 쪽이 힘이 큰 것을 친수성 유화제라 하고, 그 반대를 친유성 유화제라고 한다.

① 친수성이 강한 유화제　수중유적형(O/W, 물 안에 기름의 미립 입자가 되어 균일하게 분산) 유화 상태를 만들기 쉬운 성질을 가진다. HLB 값이 크다.
② 친유성이 강한 유화제　유중수적형(W/O, 기름 안에 물이 미립 입자가 되어있어 균일하게 분산)유화 상태를 나타낸다. HLB 값이 낮다.

2. 유화제의 종류

유화제의 종류는 식품첨가물로 지정되어있는 글리세린 지방산 에스테르, 솔비탄 지방산 에스테르, 자당 지방산 에스테르, 프로필렌 글리콜 에스테르, 대두 인지질, 케이크용 유화기포제의 6가지이다. 이들을 합쳐 케이크용 유화기포제로 판매한다.

유화제를 빵류에 사용하면 노화가 방지되고, 초콜릿에 첨가하면 작업능률이 향상된다. 또한 물에 녹지 않는 물질인 비타민 A·D, 파라옥시벤조산부탈 등을 녹일 수 있다.

1) 글리세린 지방산 에스테르

모노글린 또는 모노글리세라이드라고 불리는 글리세린은 친수기로 지방산 에스테르를 결합시킨 것이다. 뜨거운 물에 유화되기 쉽고 알코올이나 식물성 유지에도 잘 녹으며 W/O형 유화상태를 만드는 데 적합하다.

2) 솔비탄 지방산 에스테르

솔비탄 지방산 에스테르는 솔비탄을 친수기로 지방산과 에스테르화한 것으로 '스팡'이라고도 한다. 유지의 유화력이 강하고 뛰어난 유화작용을 지니며 O/W형과 W/O형 모두 유화제로 적합하다.

3) 자당 지방산 에스테르

자당 지방산 에스테르는 자당을 친수기로 하는 지방산 에스테르로 '슈거 에스테르'라고도 한다. 유화제 중에서 친수성이 가장 크다.

4) 프로필렌 글리콜 지방산 에스테르

프로필렌 글리콜 지방산 에스테르는 친수성이 크고 W/O형의 유화제로 사용된다. 단독으로 사용되기보다 다른 유화제와 겸용되는 경우가 많다.

5) 대두 인지질

대두 인지질(대두 레시틴)은 천연 유화제로 뛰어난 유화력을 지니고 있다. 대두와 노른자 중에서 대두 레시틴 쪽이 유화력이 조금 약하나 변질되지 않으므로 대두유 제조의 부산물로 얻을 수 있다. 가격이 저렴하고 이용하기 쉬우므로 판매용 대부분이 대두 레시틴이다.

6) 케이크용 유화기포제

케이크용 유화기포제(폴리소르베티드20)는 원재료 배합이 복잡하거나 분산상태가 불안정한 경우 유화제를 2종 이상 복합 사용하면 휘핑 반죽의 안전성에 효과가 있다. 이 유화제를 2종 이상 조합한 소르비톨이나 프로피렌 글리콜에 분산시킨 것이 케이크용 유화제이다. 이 유화기포제에 의해 종래는 흰자 또는 전란과 설탕이 기포 반죽에 밀가루를 혼합하는 방식의 스펀지 반죽을 모든 재료를 한꺼번에 넣는 올인 믹싱법으로 만들 수 있다.

케이크용 유화기포제를 사용하면 작업 시간이 20분 이상 필요한 경우에도, 3~4분 정도만에 모든 재료를 동시에 휘핑시킬 수 있어 시간을 단축할 수 있다. 케이크용 유화기포제는 밀가루, 설탕, 달걀 전량에 대해 1.5~2.5%를 첨가한다. 이렇게 하면 안정성이 뛰어난 반죽이 만들어진다.

3. 유화제의 사용 목적

유화제의 사용 목적은 제품 노화 방지, 부피와 부드러움, 작업 향상, 일정한 제품 생산, 숙련기술이 필요 없음의 6가지이다.

① 빵, 케이크의 노화를 방지한다.
② 반죽에 2~3% 첨가하여 제품의 부피 증가와 부드러움을 준다.
③ 작업능률을 향상시킨다(초콜릿).
④ 물에 녹지 않는 물질을 녹인다(비타민 A, D 파라옥시, 벤조산부탈).
⑤ 제품의 실패를 막고 일정한 품질을 생산할 수 있다.
⑥ 제품을 만들 때 숙련기술이 필요하지 않게 된다.

SECTION 12

응고제

응고제(겔화제)는 젤리, 바바루아bavarois, 부드러운 양갱 등 차갑게 먹는 디저트 과자류에 들어가는 과즙이나 생크림 등의 액체를 젤라틴, 한천 등으로 응고시킨다. 액체를 젤리 상태로 굳게 하는 특성을 갖는다.

응고제는 크게 젤라틴, 한천, 펙틴, 카라기닌, 펙틴 등 4가지로 나누어진다. 젤라틴은 소, 돼지 등의 뼈와 가죽이 재료이다. 한천, 카라기닌은 해조류, 우뭇가사리가 재료이다. 펙틴은 감귤류의 껍질, 사과 등이 재료이다.

1. 응고제의 성질

응고제는 본래 동물이나 세포막을 형성하는 물질로, 응고제의 성질은 물에 거의 녹지 않으나 따뜻한 물에는 비교적 잘 녹는다. 다수의 아미노산(단당류)이 늘어선 대단히 긴 사슬 모양이며 서로 끌어당기는 부분이 있다. 응고제가 굳어지는 조건은 온도나 pH가 있다. 응고제를 첨가하여 만든 액체는 온도, pH에 따라 단단한 정도에 차이가 생기며 입안에서 식감, 촉감이 각각 달라지게 된다.

2. 응고제의 종류와 특징

응고제의 종류는 젤라틴, 한천, 펙틴, 카라기닌의 4가지이다. 각 응고제의 특징을 살펴보면 젤라틴은 입안이나 뜨거운 물에 녹고, 한천은 입안에서 녹지 않으며, 펙틴은 녹는점이 낮고, 카라기닌은 무색·무미·무취로 향의 첨가가 가능하다.

1) 젤라틴

젤라틴은 동물의 가죽·힘줄·연골 등을 구성하는 천연 단백질인 콜라겐을 뜨거운 물로 처리하면 얻어지는 유도 단백질의 일종으로 응고제로 사용된다. 종류로는 판 젤라틴, 입상 젤라틴, 분말 젤라틴이 있다.

젤라틴은 냉수에 녹지 않고, 뜨거운 물에서만 녹는 점성을 지닌 용액이 되고, 냉각하면 탄성을 지닌 겔이 된다. 소금은 젤라틴을 단단하게 만들고, 설탕은 응고물을 약화시키고, 굳는 것을 방해한다. 산은 젤라틴의 응고를 방해한다.

판 젤라틴은 5분 정도, 가루 젤라틴은 20~30분 정도 모두 물에 담가 흡수·팽윤시킨 뒤에 이용한다. 흡수량은 보통 젤라틴 중량의 10배이므로 물을 충분히 넣어 덩어리지지 않게 하며 끓여 녹일 때에는 직접 올려놓거나 중탕시킨다.

젤라틴의 사용 목적은 보형성, 광택제, 안정제의 3가지이다.

① 보형성　젤라틴은 보형성을 시작으로 기포성이나 보호 콜로이드성 등을 지니고 있으므로 마시멜로, 누가, 아이스크림 등에 폭넓게 사용되고 있다.
② 광택제　젤라틴은 제품의 광택제로 사용된다.
③ 안정제　젤라틴은 과자, 젤리류, 생크림, 무스류를 만드는 데 안정제로 사용된다.

2) 한천

한천(寒天)은 해초류 홍조류인 우뭇가사리, 꼬시래기 등의 세포를 형성하는 탄수화물(한천질)을 뜨거운 물로 추출·냉각·응고시켜, 동결 또는 압축·탈수하여 건조시킨 것이다.

(1) 한천의 종류

한천의 종류는 형태에 따라 각한천, 실한천, 분말한천, 고체한천(후레그)의 4가지가 있다.

(2) 한천의 특성

한천의 특성은 겔화력이 젤라틴의 10배에 가깝고 딱딱한 탄력성을 지닌 겔을 형성한다는 것이다. 응고점은 28~38℃이며, 융해점은 80~85℃이다.

(3) 한천의 사용 목적

한천의 사용 목적은 다이어트 제품, 푸딩, 양갱, 빵과 우유의 안정제, 요리의 5가지이다. 한천은 0.5~0.7%, 젤라틴은 2~3%를 혼합하여 사용하면 가장 적당하다.

① 다이어트 제품에 사용　다이어트 식품 및 디저트 식품의 원료로 인기가 있다. 아이스크림, 소시지, 요구르트, 통조림, 잼 등에 알맞은 끈기를 준다.

② 푸딩의 응고에 사용　한천을 냉각하여 겔화시키면 85℃ 이하에서도 잘 녹지 않으므로 푸딩의 제과에 많이 이용한다.

③ 양갱에 사용　양갱을 만들 때 넣는 팥앙금은 비중이 높아 밑으로 가라앉을 수 있으므로, 한천 용액을 응고시킬 때는 40℃ 정도로 응고시켜야 한다. 한천은 영양학적으로 우수한 성분을 함유하고 있어 양갱 등의 재료로 쓰인다.

④ 빵, 우유의 안정제로 사용　한천은 고온에서 조리한 빵, 우유, 유제품, 청량음료 등의 안정제 역할을 한다. 설탕을 많이 사용하는 후식에 사용한다.

표 5-25 **한천과 젤라틴의 비교**

구분	젤라틴	한천
사용 제품	젤리, 아이스크림	양갱, 푸딩
제품 사용량	2~3%	0.5~0.7%
추출 온도	60℃~90℃	80℃ 전후
재료	동물의 뼈나 껍질	홍조류
융해점	50~60℃	80~85℃
입안 강도	부드럽다.	딱딱하다.
응고력	한천의 1/10배	젤라틴의 10배
응고 온도	2%, 3℃ 응고 시작 5%, 14℃ 응고 시작	30℃ 전후
사용 방법	보통 사용량의 5배 물을 30분 방치 후 사용	다량의 물에 오랫동안 담근 후 사용
젤리 강도	약하다.	강하다.
사용요리	찬요리	딱딱한 요리
투명감	투명하다.	투명하지 않다.

⑤ 요리에 사용   젤라틴은 차가운 요리에 사용하고, 한천은 고온 요리에 사용한다.

3) 펙틴

펙틴pectin은 과실·채소와 같은 고등식물 세포벽에 있는 다당류의 하나로 감귤류나 사과에 많이 들어있다. 과실 중에 프로토펙틴, 펙틴, 펙트산이라는 3가지 형태로 함유되어있다.

펙틴이 많이 들어있는 과피나 사과의 짜고 남은 것 등을 산으로 처리해 물에 녹기 쉬운 펙틴으로 만든 다음 이것을 알코올이나 염류를 넣어 펙틴을 침전시켜서 꺼낸다.

(1) 펙틴의 종류

펙틴의 종류는 분자 내 상태에 따라 고메톡실기 펙틴HMP와 저메톡실기 펙틴LMP의 2가지로 나누어진다. 한천이나 젤라틴과 달리 온도차에 따라 용액이나 겔로 변하는 것이 아니고, 일정 농도의 당과 산 또는 칼슘처럼 이온이 필요하다.

(2) 펙틴의 특성

펙틴의 특성은 냄새가 없으며 투명한 젤리, 한천보다 녹는점이 낮다는 것이다. 젤리화 온도도 젤라틴보다 낮다. 다시 말해, 펙틴의 특성은 냄새가 없고, 낮은 온도에서 투명한 젤리가 되며, 녹는점이 한천보다 낮고, 잼·젤리를 만들 수 있는 등의 6가지이다.

① 겔화제로 특유의 냄새가 없다.
② 물과 반응하여 젤리를 만드는 힘이 강하고 낮은 온도에서 투명한 젤리가 된다.
③ 녹는점이 한천보다 낮은 80℃이고 1~2분 만에 녹는다.
④ 젤라틴과 비교하면 젤리화 온도가 낮고, 설탕량을 늘리면 높아진다.
⑤ 펙틴은 잼, 젤리, 마멀레이드 제품을 만들며 한천과 비교할 때 용해도가 꽤 낮다.
   용해도가 낮고 입안에서 잘 녹아 젤리와 젤리과자를 만든다.
⑥ 과실에 들어있는 펙틴을 용출하여 산 및 당류와 함께 겔화한 것이다.

(3) 펙틴의 사용 목적

펙틴의 사용 목적은 광택제, 안정제, 과일젤리 제조 등 4가지이다.

① 광택제로 사용된다.
② 조직안정제로 사용된다.
③ 잼, 마멀레이드, 과일젤리를 만드는 데 이용된다(HN 펙틴).
④ 젤리화에 사용되는 농도는 0.5~1.5%이다. 일반적으로 젤라틴은 2~4%로 정도 사용된다.

4) 카라기닌

카라기닌carrageenin은 진두발, 돌가사리 등 홍조류 해초에서 추출한 점질성 물질이자 다당류의 유산 에스테르, 겔화제의 일종이기도 하다. 사용 비율은 원초의 종류나 채집 지역, 시간에 따라 다르며 품질이나 특성도 달라진다.

(1) 카라기닌의 종류

카라기닌의 종류는 아이오타Iota 카라기닌, 카파Kappa 카라기닌, 람다Lambda 카라기닌의 3가지로 품질 특성이 일정하도록 조정된다. 유제품용, 겔화제품용, 점성증진용의 3가지로 구분된다.

(2) 카라기닌의 성질

카라기닌의 성질은 무색, 무미, 무취로 좋아하는 색이나 향의 첨가가 가능하다. 겔화 되는 온도는 통상 45~30℃이며 당도가 높을수록 고온에서 굳는다.

① 무미, 무취, 흰색 또는 황백색의 분말로 냉수에는 녹지 않고 50~70℃의 온수에 용해된다.
② 겔화 온도는 30~40℃로 높고 실온에서 빨리 겔화된다. 겔화 온도는 당도가 높을수록 높다. 칼륨염을 첨가하면 겔화 강도가 강해지고 겔화 온도도 상승한다.
③ pH가 낮을수록 겔화 강도가 저하되고 pH 3.5 이하에서는 사용이 적합하지 않다.
④ 카라기닌이 우유 중의 카세인과 반응하여 강하게 겔화된다.
⑤ 로커스트빈검을 병용하면 탄력성이 풍부한 겔을 형성할 수 있다.

(3) 카라기닌의 사용법

카라기닌의 사용법은 사전에 설탕과 잘 혼합해 끓인 물에 가볍게 적시면서 조금씩 넣고 녹이는 것이다. 설탕 등의 분말을 사용하지 않는 경우에는 물에 혼합하면서 조금씩 넣고 분산하면서 가열하며 녹인다. 산미 원료(과즙, 와인 등)를 넣는 경우, 카라기닌을 녹인 후 80℃ 이하로 해서 넣는다.

(4) 카라기닌의 사용 목적

카라기닌을 사용하는 목적은 젤리 제조, 타르트 광택제, 크림류나 소스, 푸딩, 아이스크림 제조 등이다.

① 젤리를 만드는 데 이용한다.
② 각종 타르트의 윗면에 발라 광택을 낸다.
③ 잼, 마멀레이드, 크림류에 첨가한다.
④ 각종 소스에 널리 이용한다.
⑤ 밀크푸딩, 아이스크림, 초콜릿밀크, 과일젤리, 생크림, 검페이스트, 잼류, 물양갱, 크림치즈, 냉동젤리, 각종 소스 등에 사용한다.

SECTION 13

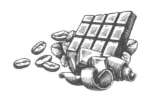

초콜릿

초콜릿chocolate은 중남미에서 마야Mayas에 의해 처음 재배되고, 16세기경 코르테스Cortez에 의해 유럽으로 전파되었다. 산지는 적도를 끼고 남북위 20° 이내로 평균 기온 27℃, 연 강우량 270mm 이상의 산지 및 습기가 많다. 태양 광선이 내리쬐는 가나, 브라질, 나이지리아 등에서 생산되는 양이 많다.

초콜릿은 코코아파우더와 코코아버터 및 준초콜릿, 순초콜릿의 4가지로 구분된다. 카카오빈cacao bean의 카카오닙스(카카오빈에서 껍질과 배를 제거하고 남은 과육)에서 조제한 소재가 바로 원료 초콜릿이 된다. 초콜릿을 만들기 위한 1차, 2차 가공 과정은 다음 그림과 같다.

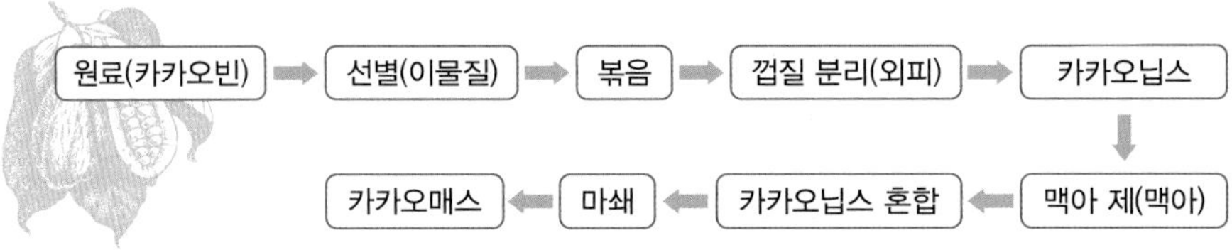
원료(카카오빈)
선별(이물질)
볶음
껍질 분리(외피)
카카오닙스
맥아 제(맥아)
카카오닙스 혼합
마쇄
카카오매스

그림 5-9 초콜릿의 1차 가공 과정

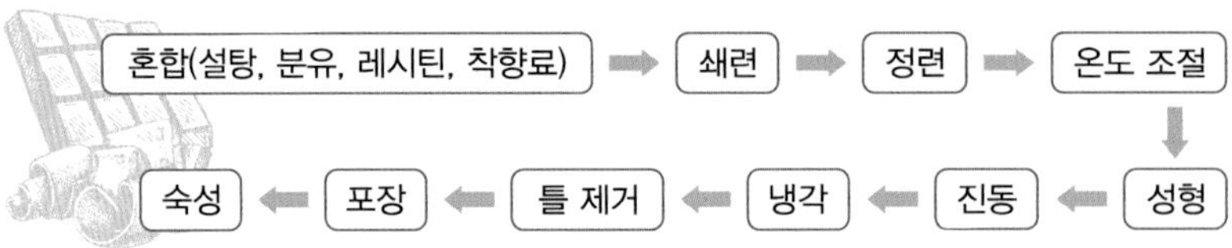
혼합(설탕, 분유, 레시틴, 착향료)
쇄련
정련
온도 조절
성형
진동
냉각
틀 제거
포장
숙성

그림 5-10 초콜릿의 2차 가공 과정

1. 초콜릿의 원료

초콜릿의 주원료는 카카오빈^{cacao bean}으로 열대산 카카오과의 과실 하나당 25~50알 정도가 들어있다. 지방산은 50% 이상, 단백질은 10% 전후로 들어있다. 카카오빈에서 카카오버터와 카카오파우더를 만들어낸다.

1) 카카오버터

카카오버터는 순수한 코코아 덩어리에 압력을 가해서 얻는 식물성 지방으로, 콜레스테롤이 전혀 없고 포화지방산으로 구성되어있다. 온도에 대한 물성 변화가 현저하다. 초콜릿이 입에 넣기 전에는 딱딱하고 입에 들어가는 즉시 녹는 것은, 카카오버터의 성질 때문이다.

2) 카카오파우더

카카오파우더는 카카오버터를 추출한 코코아파우더로 성분은 지방 약 20%, 단백질 약 20%, 탄수화물 30%가 들어있다. 코코아의 산가는 pH 6.0~8.8까지 다양하며, 천연 코코아는 pH가 5.2~5.6이고 가공 코코아의 경우 사용된 알칼리에 따라 차이가 많이 난다.

2. 초콜릿의 성분과 사용

1) 초콜릿의 성분

초콜릿의 성분은 단백질 8%, 탄수화물 60%, 지방 30%, 카카오타닌 7~9%, 테오프로민 3.5%, 그 외 방향물질이다. 성분의 특징으로 카카오타닌, 테오프로민, 방향물질의 3가지를 살펴보도록 한다.

(1) 카카오타닌

카카오타닌은 카카오빈에 7~9%가 함유되어있으며 초콜릿의 색상, 맛, 향기와 밀접한 관계가 있다. 이것은 산화되기 쉽고 공기와 접촉하면 빠르게 분해되어 유색 물질 (카카오레트, 카카오브라운)로 변화한다. 카카오빈의 발효 중에도 산화효소 등이 의해 변하여 카페인이 발생된다.

(2) 테오프로민

테오프로민은 카카오빈 건조 중에 약 3.5% 함유하고 소량의 카페인과 함께 초콜릿, 코코아 특유의 자극적 풍미를 구성하는 중요한 성분이다. 쓴맛이 있는 무색의 결정으로, 카카오버터 중에는 대부분 들어있지 않다.

(3) 방향물질

방향물질은 카카오빈의 숙성도, 발효, 건조, 볶는 조건 등에 따라 방향 성분의 생성, 구성 비율 등이 달라진다. 주로 상당히 휘발되기 쉬운 물질, 유용성으로 휘발되기 쉬운 물질, 타닌 같은 물질 등으로 구성되어있다.

2) 초콜릿의 반죽 물성 사용

초콜릿 반죽 물성의 절대적인 특징 중 하나는 입안에서 이질감 없이 잘 녹아내린다는 것이다. 초콜릿 반죽은 본래 물성이 다른 카카오매스, 설탕, 분유 등을 혼합하여 제조된 것으로 이것들의 소재의 입자가 큰 것을 미세하게 조절한 상태로 반죽 중에 균일 분산시켜 친화성을 주어 입안에서 이질감 없이 느껴지게 할 필요가 있다. 이를 위해 미세한 분쇄, 정련, 온도 조절 등 초콜릿 제조상 특징이 있는 공정을 하게 된다.

3. 초콜릿의 종류

초콜릿의 종류는 커버추어초콜릿, 준초콜릿, 퓨레초콜릿, 밀크초콜릿, 화이트초콜릿, 콤파운드초콜릿의 6가지이다.

1) 커버추어초콜릿

커버추어초콜릿(순초콜릿)은 카카오버터로 만드는 풍미가 좋은 고급 초콜릿이다. 카카오버터의 함량이 유럽은 36%, 아시아는 40~42%로 좋은 품질을 가지고 있다. 얇고 광택이 나는 코팅 시나 초콜릿 몰드용으로 사용한다.

2) 준초콜릿

준초콜릿(양생초콜릿)은 카카오(20~30%)에 코코아파우더와 슈거파우더, 카카오버터 대용의 유지인 식물성 유지, 유화제, 향료를 넣고 롤러로 마쇄, 정연, 템퍼링한 후 다시 열을 가하여 통에 넣어 상자로 포장한 것이다. 데커레이션 케이크와 과자빵 등의 코팅용으로 널리 사용되고 있다.

　제조 시 템퍼링 조작을 쉽게 하기 위해 식용 유지를 카카오버터에 혼합하는데 융점은 28~46℃ 정도의 범위에서 계절에 맞추어 조절한다.

3) 퓨레초콜릿

퓨레초콜릿은 코코아고형분과 주로 카카오버터인 코코아덩어리, 약간의 향으로 구성되어있다.

4) 밀크초콜릿

밀크초콜릿은 순수한 초콜릿에 우유 고형분, 버터, 향, 그리고 카카오버터 등을 첨가하여 만든다. 최소 14%의 우유 고형분이 들어있으며 일반 초콜릿보다 보존 기간이 짧다.

5) 화이트초콜릿

화이트초콜릿은 약 30%의 지방, 30%의 우유 고형분, 30%의 당분, 바닐라향과 유화제로 레시틴을 첨가하여 만든다. 흰 초콜릿을 녹여 첨가하면 반죽의 되기와 맛이 좋아진다.

6) 콤파운드초콜릿

콤파운드초콜릿은 식물성 쇼트닝, 코코넛오일 등을 첨가해서 만든다. 융점이 높기 때문에 제품 코팅용으로 많이 사용한다. 융점을 매우 높게 하고 막대 형태로 만들어 데니시 페이스트리용의 충전물로도 사용한다.

> **블룸(bloom)** ────────────────────────────────●
>
> 블룸이란 초콜릿 제품을 사용할 때 제품에 쉽게 생기는 변화로 슈가블룸, 지방블룸의 2가지가 있다. 슈가블룸은 설탕의 변화이다. 지방블룸(fat bloom)은 카카오버터의 분리로부터 일어나 회색으로의 변화하는 것이다.

4. 초콜릿의 온도 조절

초콜릿의 온도 조절tempering은 초콜릿 지방의 변화를 막기 위해 초콜릿을 녹일 때 한다. 온도를 조절하는 이유는 초콜릿 지방의 변화를 막고 녹이기 위해서이다. 온도 조절의 목적은 여러 결정 상태를 미세하고 일정한 β형으로 만들기 위함이다.

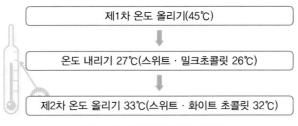

그림 5-11 **초콜릿의 온도 조절**

1) 제1차 녹이기 온도

제1차 녹이기 온도는 초콜릿을 융점(보통 33℃) 이상으로 녹여서 카카오버터를 잘 녹인다. 최고 온도는 45℃를 넘기지 않는다.

> **초콜릿을 녹일 때 주의점** ──────────────────────────●
>
> 초콜릿을 녹일 때는 초콜릿을 잘게 자른다. 녹이기 전에 일정한 온도를 유지하기 위해서는 잘 저어주어야 한다.

2) 온도 내리기 작업

온도 내리기 작업은 녹인 초콜릿을 27℃ 이하로 식힌다(스위트·화이트 초콜릿은 26℃). 녹인 초콜릿 양의 2/3를 대리석 위에 놓고 β형 결정의 응고점으로 식히는 최적 온도는 22~25℃이다. 이 과정에서 스패츌러^{spatula}를 이용하여 많이 치대어줄 수록 윤택이 난다. 나머지 1/3의 초콜릿과 섞는다.

3) 온도 올리기 작업

초콜릿의 온도 올리기는 중탕으로 융점(33℃)까지 높인다(스위트·화이트 초콜릿은 32℃).

5. 초콜릿의 사용 목적과 보관

1) 초콜릿의 사용 목적

초콜릿의 사용 목적은 맛 향상, 향과 풍미 개선, 상품의 부가가치 부여, 장식, 필링·토핑으로 이용의 5가지이다.

① 맛 향상　초콜릿은 빵, 과자의 맛을 좋게 하며 풍미를 증가시킨다.
② 향과 풍미 개선　초콜릿은 제품의 특유의 향과 맛을 개선시킨다.
③ 상품의 부가가치 부여　초콜릿은 제품을 고급화시키고 상품의 부가가치를 높인다.
④ 장식　초콜릿을 데커레이션용으로 사용한다.
⑤ 필링, 토핑으로 이용　초콜릿은 필링, 토핑, 중앙 센터물로 사용한다.

2) 초콜릿의 보관

초콜릿의 보관법으로는 냉장 보관, 습기 차단, 빛과 냄새 차단, 밀폐 보관의 4가지가 있다.

① 냉장 보관　지방 등 변화 방지를 위해 냉장고에 보관한다.
② 습기 차단　습기가 없는 곳에 보관한다.
③ 빛과 냄새 차단　빛과 냄새가 없는 곳에 보관한다.
④ 밀폐 보관　초콜릿은 사용 후 밀폐하여 냉장고에 보관한다.

SECTION 14

양주

술은 과거 수렵·채취 시대에는 과실주, 유목시대에는 가축의 젖으로 만드는 젖술(乳酒), 농경시대에는 곡물을 원료로 하는 곡주, 정착 농경이 시작되어 녹말을 당화시키는 기법이 개발된 후에는 청주나 맥주와 같은 곡류 양조주로 만들어졌다. 오늘날 술(주류)이란 주정과 알코올 성분이 1도 이상인 음료(약사법에 의한 의약품은 제외)를 말한다.

1. 술의 종류

술의 종류는 제조 방법에 따라 양조주, 증류주, 혼성주의 3가지로 나눌 수 있다.

1) 양조주

양조주는 당분을 함유하고 있는 곡류와 과실류 등을 원료로 하여 그 속에 있는 당분과 전분을 발효균 등으로 알코올 발효시켜 만든다. 알코올은 3~20%로 여러 가지 맛이 있다. 와인, 맥주, 청주와 약주 등이 양조주에 속한다.

과즙이 원류인 양조주는 전분이 포함된 곡류의 당화 원액이나 당 함유물질을 발효시켜 원액 그대로 또는 여과하여 만든다. 이렇게 만든 술로는 와인(포도), 사과주(씨도르), 체리술, 페리(배과즙), 히와술, 감귤술, 딸기술, 매화술이 있다.

곡류를 원료로 한 것은 누룩이나 엿기름으로 전분을 당화하여 발효시켜 알코올 함량이 낮다(20% 이하). 맥주(보리), 청주(쌀), 소주, 노주(라오주)가 있다.

2) 증류주

증류주는 곡물과 과실을 원료로 발효시킨 후 그 발효액을 증류한 술로 알코올도수가 높아 변질이 잘되지 않고 저장하기에 적합하다. 종류로는 위스키, 브랜디, 럼, 진, 소주 등이 있다. 전분질 원료를 당화·발효·증류하여 만든 증류주는 곡류, 고구마, 과실, 당밀, 식물을 원료로 하는 5가지가 있다.

① 곡류를 원료로 한 것　보리, 옥수수(위스키, 진, 워커), 소주(쌀)
② 고구마를 원료로 한 것　고구마술, 워커
③ 과실을 원료로 발효·증류시킨 것　브랜디, 체리 술, 카르바도스
④ 당밀을 원료로 한 것　럼주
⑤ 식물을 원료로 한 것　테킬라(선인장), 아락(아랍 야자수)

3) 혼성주

혼성주는 특수한 향을 첨가한 주류로, 자연적으로 향을 얻을 수 있는 과실의 향료나 식물 또는 설탕으로부터 얻을 수 있다. 이것은 곡류나 과일을 발효시켜 증류시킨 증류주에 약초, 향초, 과실, 종자류 등 주로 식물성의 향미 성분과 색소 성분을 넣은 다음 설탕이나 벌꿀 등을 첨가하여 4가지로 만든다. 인삼주, 매실주, 오가피주, 진, 각종 칵테일 등 종류가 매우 다양하다.

① 여러 가지 향초에 종자류, 초근류, 꽃 등을 섞어 만든 술은 베네딕틴Benedictine, 비앤비Benedictine B & B, 갈리아노Galliano, 캄파리Campari, 아이리시 벨벳Irish Velvet, 체리 브랜디Cherry Brandy, 크림 드 바이올렛Cream De Violet, 크리스탈리스 쿰멜 Cristallise Kummel 등이 있다.
② 과실계는 보통 식후에 마시는 종류로서 근대의 미식적 요구에 따라 생겨난 술로 오렌지를 이용한 큐라소가 유명하며, 쿠앵트로Cointreau, 트리플 세크Triple Sec, 슬로 진Sloe gin, 아니세트Anisette, 페르노Pernod, 체리 헤링Cherry Heering, 그랑 마니에 Grand Manier, 도보넷Dobonet 등이 있다.
③ 과실의 씨에 함유되어있는 방향성분이나 커피, 카카오, 바닐라 등의 두류를 이용하여 향기를 높인 혼성주로 주로 식후에 마시며 칼루아Kahlua, 아프리코트 브랜디Apricot brandy, 크림 드 카시스Cream de Cassis 등이 있다.
④ 단순히 씨만 이용하는 경우는 드물고, 몇 가지 향료를 혼합하는 것이 보통이다. 이에 속하는 제품은 칼루아Kahlua, 아프리코트 브랜디Apricot brandy, 크림 드 카시스Cream de Cassis 등이 있다.

그림 5-12 **술의 분류**

2. 술의 사용 목적

1) 제과에 사용

제과에 술을 사용하는 목적은 맛·향의 향상, 풍미, 향 부여, 특정한 향을 냄, 지방산 중화, 과일향 부여, 보존성 향상의 7가지이다.

① 맛, 향의 향상　과자의 맛, 향의 향상을 위해 그 목적에 따라 개성적인 양조주를 사용한다.

② 담백한 풍미　담백한 풍미를 주는 젤리는 향미가 와인, 혼성주가 효과적이다.

③ 향을 부여　향을 부여하기 위해 와인, 혼성주, 보조적인 브랜디나 체리술을 병용하며 사용한다.

④ 특정한 향을 냄　특정한 향을 내기 위해 술은 대개 알코올 성분이 강하고 특정한 향을 얻을 수 있는 알코올 함량이 40~55%인 브랜디brandy 종류와 알코올 함량이 20~55%이며 최소 10%의 당분이 들어있는 혼성주liqueur가 주로 사용된다.

⑤ 지방산 중화　술은 과자 제조에 지방산을 중화하여 풍미, 맛을 내는 큰 역할을 낸다.

⑥ 과일향 부여　과일에 향을 부여하므로 계절과 관계없이 천연 과일향을 맛볼 수
있다.

⑦ 보존성 향상　술은 일부 세균의 번식을 막아 제품의 보존성을 높일 수 있다.

2) 제빵에 사용

제빵에 술을 사용하는 목적은 맛·향의 향상, 특정한 맛 부여, 보존성 증가, 지방 중화,
과일향 부여의 5가지이다.

① 맛, 향의 향상　빵의 맛과 향을 증가시킨다.

② 특정한 맛 부여　빵에 특정한 맛을 낸다.

③ 보존성 증가　빵의 보존성을 증가시킨다.

④ 지방 중화　빵의 지방을 중화시킨다.

⑤ 과일향 부여　빵에 첨가하는 과일의 맛과 향을 증가시킨다.

제과·제빵에 많이 사용되는 술 ────────────────────────●

고대 이집트의 빵, 고대 그리스 시대에 꿀과 밀가루를 섞어 만든 반죽에 와인이나 브랜드를
첨가·사용한 것이 획기적인 과자 만들기의 시초가 되었다.

• 양주를 사용한 과자: 럼주−사바랭, 리큐어−봉봉, 리큐어−셔벗, 브랜디−크레이프 등
• 과자에 많이 사용된 술: 럼(Rum), 그랑 마니에르(Grand Marnier), 코냑(Cognac), 브랜디(Brandy),
쿠앵트로(Cointreau), 큐라소(Orange Curacao), 키르슈(Kirsch), 스코틀랜드 위스키(Scotland
whiskey) 등

SECTION 15

몰트시럽

몰트malt란 맥아, 보리, 조, 콩 등의 곡류를 잘 씻고 청결한 발아통에서 발아시킨 것을 말한다. 발아시킨 곡류의 싹에는 아밀라아제amylase가 많이 함유되어있어 곡류 속의 녹말을 당화하여 발효가 쉬워지게 한다. 이것을 건조시켜 볶거나 가루로 만들어 맥주, 위스키 물엿, 맥아당 제조 원료로 이용한다.

제빵용 몰트란 대맥의 종자를 발아시킬 때의 맥아를 말한다. 여기에는 대맥 중의 성분을 흡수하기 위해 효소가 포함되어있고 특히 전분을 맥아당으로 하는 효소가 많이 들어있다. 맥주는 이 맥아로 전분을 당화시킨 액에 홉hop을 넣어, 맥주용 이스트로 알코올 발효시킨 것이다.

몰트시럽은 보리가 싹이 틀 때 활성화되는 α-아밀라아제에 의해 부산되는 맥아당을 조려낸 시럽을 가리킨다. 몰트시럽이 들어가면 갈수록 아밀라아제로 전분질이 분해되어 맥아당이 되는 경우가 많게 되고 반죽 발효의 지속성이 높아진다. 또 몰트시럽의 성분의 반이 맥아당이므로 사용하면 할수록 구운 색이 짙어진다. 그러므로 몰트시럽의 당 성분은 효소작용에 따라 만들어진 쌍방의 활동으로 구운 색이 보다 진해지는 동시에, 몰트 본래의 향이 상승되어 빵에서 고소한 맛이 나게 된다.

1. 몰트의 종류와 성분

1) 몰트의 종류

몰트는 당화액을 그대로 여과·농축시킨 것으로, 몰트의 종류는 액상과 분말의 2가지로 구분된다. 몰트에는 효소 활동이 강한 것과 약한 것, 색이 짙은 것, 연한 것의 4가지가 있다. 효소 활동은 전분의 당화력을 나타내는 린트너가^{Lintner value}에 의해 구별된다. 일반적인 국산 몰트는 20°L 정도를 나타낸다. 외국산은 60°L 정도로 당화력이 높다.

① 장 맥아 당화력이 강하고 물엿, 식혜 제조에 쓰인다.
② 단 맥아 당화력이 조금 강하고 맥주 제조에 쓰인다.

2) 몰트의 성분

몰트의 성분은 맥아당, 덱스트린, 가용성 단백질, 무기성 회분, 유기산, 수분의 6가지로 구성되어있다.

표 5-26 **몰트의 구성 성분**

성분	함량(%)	성분	함량(%)
맥아당	58~62	무기성 회분	1.5~1.8
덱스트린	7~14	유기산	0.8
가용성 단백질	2.5~5.5	수분	23

2. 몰트시럽의 사용과 보관

맥아 엑기스라고도 하는 몰트시럽은, 미국에서는 피시맨^{Fishman} 사에서 제조하고 있다.

1) 몰트시럽의 사용법과 사용량

몰트시럽은 물에 녹이고 반죽에 넣어 사용한다. 사용량은 빵에 0.1~0.5%, 과자에 0.5~1.5%이다.

① 반죽물의 일부에 녹이거나 직접 반죽에 넣으면 좋다.

② 스펀지법의 경우 통상 본 반죽에 첨가한다. 이때 사용량은 보통 0.1~0.3%이다.

③ 빵, 크래커, 쿠키 등에는 0.5~1.5%를 넣는다.

④ 프랑스빵에는 0.1~0.5%를 넣는다.

2) 사용상의 주의

몰트의 사용상 주의할 점은 오버믹싱, 온도 40℃ 이하, 습도 85% 이하, 0.5% 정도의 사용이다.

① 효소 작용에 의해 반죽의 신장성이 증가하면 믹싱 시간이 단축된다. 따라서 오버 믹싱에 주의해야 한다.

② 효소력의 관계에서 발효실 온도는 40℃ 이하가 좋다. 습도는 85% 이하가 좋다.

③ 색깔이 잘 나오므로 다치지 않도록 주의한다. 2% 이상 사용하면 내상이 조금 착색된다.

④ 반죽 온도, 발효실 온도가 내려갈 때 몰트의 효과가 나온다. 반죽 온도가 올라갈 경우 0.5% 이하로 해야 한다.

3) 몰트시럽의 제빵의 사용 목적

몰트시럽의 사용 목적은 발효 촉진, 부드러운 식감, 기계 내성 개선, 오븐팽창, 노화 방지, 풍미와 색깔 개선, 품질 개량, 가스 증가와 부가적 향 발생의 8가지이다.

① 발효 촉진　α, β-아밀라아제가 녹말을 맥아당으로 분해하여 이스트의 발효가 촉진된다.

② 부드러운 식감　몰트가 지니고 있는 천연성분에 의해 빵 과자에 의해 풍미나 황금 갈색을 내어 빵에 소프트한 식감을 준다.

③ 기계 내성 개선　반죽의 기계 내성이 좋아진다. α-아밀라아제와 프로테아제의 효소 작용에 의해 반죽이 부드러워진다. 반죽에 흠집이 없고 색깔을 내는 데 좋고 내상기포가 일정하다.

④ 오븐팽창　오븐팽창이 좋으므로 내상도 좋다. 맥아당, 가용성 단백질, 미네랄, 효소가 가스 발생을 증가하여 전분 당화에 의해 반죽내의 당량이 증가해 균일한 내상, 오븐팽창이 좋은 빵이 된다.

⑤ 노화 방지　빵 노화가 늦어진다. 덱스트린의 생성 등에 의해 제품 내부의 수분 함유량이 증가하고 유지가 좋아진다. 따라서 소프트한 빵보다 노화가 늦어진다.

⑥ 풍미와 색깔 개선　풍미나 색깔이 개선된다. 맥아당과 오븐에 의해 표피가 황금 갈색이 된다. 몰트 발효 중에 만들어진 향도 혼합되어 빵에서 좋은 풍미가 난다.

⑦ 품질 개량　몰트는 설탕의 대용품이 아니다. 이것은 유럽빵, 식빵, 과자빵, 데니시 페이스트리, 크래커 등 품질 개량에 효과가 있다.

⑧ 가스 증가와 부가적인 향 발생　가스 생산 증가와 부가적인 향을 발생시킨다.

4) 몰트의 보관

몰트를 보관할 때는 이물질이 혼입되지 않도록 주의하고, 사용 후에는 뚜껑을 덮어둔다. 가능한 한 암냉소에 넣어둔다.

SECTION 16

식품첨가물

1. 식품첨가물의 정의

식품첨가물의 정의는 '식품의 맛이나 매력을 높이고 물리적 상태 등을 좋게 하여 식품 가치를 높이려는 목적으로 주재료에 첨가하는 물질'이다. 우리는 천연식품을 그대로 생식하는 경우도 있으나 대개는 이들을 조리·가공하여 먹는 것이 상례인데, 식품을 조리·가공할 때 영양소를 중심으로 한 주재료에 조미료나 향신료 등을 첨가하고는 한다.

식품첨가물은 대부분 화학적 합성품으로 사용기준, 품질 변화를 방지하기 위한 보존기준 등 이와 관련한 규정이 엄격하게 정해져 있다.

2. 식품첨가물의 종류

식품첨가물의 종류로는 보존료, 살균료, 산화방지제, 착색료, 감미료의 5가지가 있다.

1) 보존료

보존료는 보통 방부제라고 하며, 미생물에 의한 식품의 부패와 변질을 방지하기 위해서 사용하는 첨가물이다. 미생물에 작용한다는 점에서 인체에도 다소의 독성을 가질 것으로 본다. 독성과 효력 면을 중시하여, 사용량과 사용 대상 식품을 제한하고 있다.

지금까지 허용된 보존료로는 디히드로 초산, 소르빈산, 프로피온산, 파라옥신 안식향산 등 13종이 있다.

(1) 디히드로 초산 및 디히드로 초산나트륨

디히드로 초산나트륨은 백색의 결정성 분말로 디히드로 초산과 달리 물에 잘 녹고 유지에는 잘 녹지 않으며 광선이나 열에 대하여 비교적 안정하다. 각종 미생물에 고르게 작용하며, 특히 곰팡이나 효모에 대해서는 세균에 대해서보다 강한 항균력을 나타낸다.

(2) 소르빈산 및 소르빈산 칼륨

소르빈산 및 소르빈산 칼륨은 무색의 침상 결정 또는 백색의 결정성 분말로, 물에는 잘 녹지 않으나 알코올에는 잘 녹는다. 열이나 광선에는 안정하나 공기 중에 오래 방치하면 착색된다. 안식향산 나트륨은 백색의 입상 결정 또는 결정상 분말로 물, 알코올에 녹으며 공기 중에서 안정하다.

(3) 프로피온산 칼슘과 프로피온산 나트륨

프로피온산 칼슘과 프로피온산 나트륨은 모두 백색의 결정이거나 분말이고 물에 녹는다. 조금 특이한 냄새가 나기도 한다. 세균, 곰팡이, 호기성 포자형성균 등에 유효하나 효모에는 거의 작용하지 않는다.

　나트륨염은 그 염기성 때문에 빵에 사용하면 효모의 활성을 저하시키므로 생과자에 이용되고 빵에는 칼슘염을 사용한다.

(4) 파라옥시 안식향산 에스테르류

파라옥시 안식향산 에스테르류로, 식품첨가물로 지정되어있는 것은 에틸, 프로필, 이소프로필, 이소부틸 및 부틸의 5종이다. 모두 무색의 소결정 또는 백색의 결정성 분말이고, 물에 잘 안 녹으므로 알코올, 초산, 수산화나트륨 용액에 녹여서 첨가한다.

> **보존료의 제과·제빵의 사용 목적** ──●
> - 맛을 높여준다.
> - 물리적인 상태를 개선하여 식품 가치를 높여준다.
> - 품질의 변화를 방지한다.

2) 살균료

살균료는 미생물을 단시간 내에 사멸시키는 작용을 하는데, 식품에 직접 첨가할 수 있는 허용품은 하나도 없다. 음료수, 식기류, 손 등을 소독하는 데 사용되는 차아염소산 나트륨과 표백분 및 고도 표백분이 허용되어있다. 유효염소에 의한 살균작용, 표백작용을 발휘한다.

3) 산화방지제

산화방지제는 식품의 산화로 인한 변패를 방지하기 위하여 첨가하는 물질로 수용성인 것과 유용성인 것이 있다.

수용성인 것은 아스코르빈산 및 에리소르빈산과 이들의 나트륨염이며 주로 색소의 산화로 인한 식품의 변색이나 퇴색을 방지하는 데 이용된다.

유용성인 것은 유지 또는 유지를 함유하는 식품의 산화 방지에 사용되는 부틸 히드록시 아니졸, 디부틸 히드록시 톨루엔, 몰식자산프로필, DL-α-토코페롤, EDTA disodium 및 EDTA calcium disodium 등이 허용되어있다.

4) 착색료

착색료는 천연의 식품 재료를 식품으로 조리·가공하거나 보존하는 동안 변색 또는 퇴색된 것을 원래의 자연색으로 복원시키거나 본래 색이 없는 것을 아름답게 하여 식욕을 돋우도록 착색하는 데 사용되는 첨가물이다. 천연 착색료와 합성 착색료가 있다.

지금까지 사용이 허가된 합성착색료로는 타르[tar] 색소 8품목, 타르 색소의 알루미늄 레이크 7품목, 비타르계 착색료 7품목으로 모두 22개 품목이다.

현재 허용된 식용 타르 색소는 모두 수용성의 산성 색소이다. 이것을 식품에 사용할 경우 일광, 열, 산, 알칼리, 산화, 환원, 금속 등의 영향을 받아 색조가 변하거나 퇴색되는 수도 있으므로 이런 색소의 성질을 파악하여 효과적으로 사용할 필요가 있다.

식용 타르 색소 알루미늄레이크는 식용 색소 40호를 제외한 7종의 식용 타르 색소의 레이크가 허용되어있다. 이들은 순색소 함유량이 10~30% 정도이고, 물이나 유지 등에 녹지 않으며 원색소에 비해 일반적으로 내열성·내광성이 우수하다.

5) 감미료

감미료는 식품이나 음료에 단맛을 주기 위하여 설탕 대신 또는 설탕과 혼합해서 사용되는 첨가물이다. 현재까지 허용되어있는 것은 사카린 나트륨, 글리실리친산 2나트륨, 글리실리친산 3나트륨과 D-소르비톨의 4개 품목이다. 이 중에서 D-소르비톨만 제외하고 모두 설탕보다 단맛이 강하여 글리실리친산 2나트륨과 글리실리친산 3나트륨은 약 200배, 사카린 나트륨은 약 500배나 달지만 단맛의 질은 설탕보다 못하다.

이들은 하나만 단독으로 사용하기보다 2~3종을 적당히 혼합하여 사용하는 것이 통례이다. D-소르비톨은 설탕의 0.7배 정도 단맛을 가지나 청량한 냉감을 주는 단맛을 내므로 식품의 풍미를 돋우고, 깊은 맛을 내며, 보습성이 있어서 보습제를 겸한 감미료로 이용되고 특별한 사용 제한이 없다. 그러나 사카린 나트륨, 글리실리친산 2나트륨, 글리실리친산 3나트륨 등은 사용기준이 규정되어있다. 즉 사카린 나트륨은 식빵, 이유식, 백설탕, 포도당, 물엿, 벌꿀 및 알사탕류에는 사용하지 못한다. 글리실리친산 2나트륨이나 글리실리친산 3나트륨은 된장 및 간장 외의 식품에 사용해서는 안 된다.

3. 식품첨가물의 사용 목적

식품첨가물을 제과·제빵에 사용하는 목적은 맛과 부가가치 상승, 물리적인 상태 개선, 식품을 보존하고 품질 변화를 방지, 반죽의 물성 개선, 제품의 보존 등이다.

1) 제과에 사용

식품첨가물을 제과에 사용하는 목적은 제과의 맛과 부가가치 상승, 물리적 상태 개선, 품질 변화 방지의 3가지이다.

① 제과의 맛과 부가가치를 높여준다.
② 물리적인 상태를 개선하여 식품의 보존, 살균, 착색, 감미 향상, 산화 방지를 돕는다.
③ 제과의 품질 변화를 방지한다.

2) 제빵에 사용

식품첨가물을 제빵에 사용하는 목적은 반죽 물성 개선, 제품의 보존 및 산화 방지, 품질 변화 방지의 3가지이다.

① 반죽의 물성을 개선한다.
② 반죽과 제품의 보존, 살균, 산화 방지를 한다.
③ 제품의 품질 변화를 방지한다.

SECTION 17

과일과 가공품

과일은 꽃의 씨방, 혹은 그 주변 부위가 발달하여 생성된다. 과일과 가공품은 적당한 단맛과 신맛, 아름다운 색조와 신선한 향을 가지고 있어 식욕을 촉진시키는 식품이다. 영양원의 역할은 물론 기호품의 성격도 지니고 있다.

1. 과일의 성분과 기능

1) 과일의 성분

과일의 성분 중 수분은 종류에 따라 차이가 있으나, 일반적으로 85~90% 정도이다. 당질은 당분이나 섬유소의 형태로 들어있는데, 일반적으로 당분은 포도당, 과당, 자당 등이 10~20% 정도이다. 그러나 바나나, 감귤류, 복숭아에는 자당이 많다. 또 과당은 β형이 α형보다 3배 정도 달다. 온도가 올라가면 알파화되기 때문에 되도록 차게 먹는 것이 좋다. 단백질과 지방은 아주 미량으로 각각 1~0.5%, 0.3% 정도가 들어있다. 펙틴 함유량은 과일에 따라 다른데, 산의 함유량이 많은 레몬 같은 과실에 펙틴 함유량이 특히 많다.

표 5-27 과실 중의 성분 비교

과실	당도	산	펙틴
딸기	7~8	1.2~2.3	0.8
무화과	5~11	0.5~1.0	0.6
자두	7~10	0.3	0.7
포도	15	1~2	0.2~0.3
베리류	12~16	0.6~1.0	0.2~0.3
라스베리	10	0.6~1.0	1.3~1.9
구스베리	7	1.5~3.0	0.5~1.2
복숭아	9~10	0.3~0.6	0.6
사과	10~15	0.5~1.0	0.61

2) 과일의 기능

과일의 기능은 영양 공급, 감각, 생명 활동 개선의 3가지로 종합 기호식품이라고 볼 수 있다. 또한 시각적인 부분과 맛이 우수하여 기호식품으로서의 가치가 높고, 보조식품이 갖추어야 할 비타민과 무기질 등의 함량도 높다. 주요 성분은 당분으로 포도당과 과당이 풍부하며 체내 흡수율이 매우 높다.

(1) 영양 공급

과일은 비타민 A, C, P 등의 영양 공급원이다. 대개 날것으로 섭취하기 때문에 수용성 비타민 C를 많이 흡수할 수 있다. 또 무기성분과 칼륨, 칼슘, 철 등의 함량이 높은 식품이다.

(2) 감각

과일은 색깔과 모양이 우수하여 시각적인 면이 좋고, 당과 산의 함량이 조화로워 미각, 향기(후각)을 좋게 한다. 육질은 독특하며 씹는 맛과 촉감이 좋다.

(3) 생명 활동 조절

과일의 영양성분은 오감을 자극하여 생체 기능을 조절한다. 소화 기능, 피로 회복, 고혈압, 당뇨 등 질병 예방과 회복 기능을 갖는다. 과산화 지방 생성을 억제하는 기능도 가지고 있다.

2. 과일의 특성

1) 과일의 일반적인 특성

과일의 일반적인 특성으로는 색소, 갈변, 숙성의 3가지가 있다.

(1) 색소

색소는 채소와 마찬가지로 크게 클로로필, 카로티노이드, 플라보노이드의 3가지로 나눌 수 있다.

① 클로로필　지방에 용해되어 식물세포 내의 색소체에 들어있는데 멜론이나 아보카도 등과 같은 과일을 빼고는 이를 함유한 과일은 거의 없다. 주로 미숙과일에 함유되어있으며, 과일이 숙성함에 따라 감소하고 다른 색소가 생성되어 그 과일 특유의 빛깔을 띤다.

② 카로티노이드　등황색 과일인 살구, 오렌지, 황도, 감 등에 풍부하게 함유되어있고 숙성이 진행됨에 따라 증가하기 때문에 완숙한 크산토필이 이에 속한다.

③ 플라보노이드　과일 중에는 안토시아닌이 많은데, 주된 것은 시아니딘cyanidin으로 양딸기, 사과 껍질, 석류, 앵두, 딸기류에 많이 들어있다. 자줏빛을 띤 과일은 베탈레인계 색소를 함유한 것이다.

(2) 갈변

갈변은 배, 바나나, 사과 등의 껍질을 벗겨서 공기 중에 두면 산소가 과일의 페놀화합물을 산화시켜 일어난다. 갈변을 방지하기 위해서는 과일을 물, 소금물, 설탕물에 담그거나 가볍게 가열하고, 비타민 C를 첨가하거나 철제 도구를 사용하지 않는 것이 좋다.

① 과일은 산소의 접촉을 막기 위해 물에 담가두는데, 여기에 소금과 설탕을 넣어주면 소금의 염소이온과 폴리페놀 옥시다아제의 활성이 억제되고, 설탕이 과일 표면으로 산소가 침입하는 것을 막아준다.

② 레몬이나 귤, 포도 같은 신맛이 강한 과일은 갈변이 일어나지 않는다. 이러한 점을 이용해서 깎은 과일을 레몬주스나 오렌지주스 등에 담가 두면 갈변을 억제할 수 있다.

③ 과일을 끓는 물에 잠깐 담가 가열하면 빠른 시간 내에 갈변이 일어나는데, 이렇게 하면 페놀효소를 파괴하거나 변성시킬 수 있다. 다만 신선한 과일을 이렇게

하면 향기가 변하고 조직이 물러져서 좋지 않다.

④ 파인애플 주스에는 황화합물이 많이 들어있다. 이 성분이 갈변을 막기 때문에 깎은 과일을 파일애플 주스에 담가두면 좋다.

⑤ 항산화제인 비타민 C, 아스코르브산도 갈변효과가 크므로, 감귤류로 만든 주스를 담그거나 뿌려주면 좋다.

(3) 숙성

과일은 채소와 마찬가지로 신선도가 상품가치를 높여주기 때문에, 식용으로 제공되기까지 항상 숙성이 요구된다.

2) 과일의 가공상 특성

과일의 가공상 특성은 외관적 기호성, 풍미 부여, 조형성 이용의 3가지이다.

(1) 외관적 기호성

과일류는 각각 특징이 있는 형태, 색채, 과육 조직을 지니고 있어서 과일 가공품을 만들 때는 원료가 되는 과실의 특징을 살려 가공을 하게 된다. 제과·제빵 시에도 어떤 과일 가공품을 사용하느냐에 따라 직접 또는 간접적인 풍미를 낼 수 있어 식욕을 증진시킬 수 있다. 과일을 이용하면 빵이나 과자에 다양한 색채를 더할 수 있는데, 천연색소에서 나오는 신선감은 기호성을 높여주는 효과가 있다.

(2) 풍미의 부여

과일 및 과일 가공품은 제품에 풍미를 부여한다. 풍미는 과일의 성분인 과당·포도당·쇼당 등의 당류와 사과산·구연산 등의 유기산류, 아스파라긴산·글루타민산·프롤린 등 아미노산류에 따라 만들어지고 다시 에스테르류, 알데히드류, 테누펜류, 알코올류 등 방향성 성분이 조합되어 나오기도 한다. 과일마다 독특한 향기나 맛이 나는 이유는, 과일별로 각 성분이 함유된 비율이 다르기 때문이다. 따라서 과일류를 과자에 이용하면 외관적 기호성에 변화를 주는 것뿐만 아니라, 과실에 의해 특징이 있는 풍미를 추가하는 셈이 된다. 즉 곡류나 설탕류, 달걀, 유지 등의 배합만으로는 나올 수 없는 풍미를 부여할 수 있게 된다.

(3) 조형성의 사용

과일의 조형성을 제품에 사용할 수도 있다. 풍미나 방향에 관여하는 성분 외에도 과일에는 펙틴질이라는 것이 존재한다. 펙틴질은 과육 조직을 강약을 좌우하는 성분으로, 과실이 미숙할 경우에는 프로토펙틴으로 존재하여 과육이 딱딱해지고, 과실이 성숙하면 과육이 부드러워진다.

프로토펙틴과 펙틴은 변화한다. 프로토펙틴은 가열하면 펙틴으로 변하고, 프로토펙틴과 펙틴은 젤리 형성에서 중요한 역할을 한다.

과실 중의 펙틴은 공존하는 유기산과 당류 및 추가하는 당류와 함께 젤리화되는 성질이 있다. 잼이나 마멀레이드, 과일젤리 등이 바로 이 성질을 이용해서 만든 것이다.

젤리화를 위한 표준적인 펙틴, 유기산 당의 비율은 제품 100g에 대해 펙틴 0.7~1.6g, 유기산은 구연산과 함께 0.2~0.3g(pH 2.8~3.8), 60~68%의 범위이다.

표 5-28 과일 중의 펙틴질 변화

펙틴질	과실 중의 상태	가공 적성
프로토펙틴	• 과실이 미숙할 때 Ca, Mg의 염이 되어 셀룰로오스와 연결되어 세포의 형태나 딱딱함을 가지고 있다. • 자연히 프로토펙티나아제에 의해 펙틴이 된다.	• 물에 불용, 젤리를 만들 수 없다. • 뜨거운 물로 처리하거나 희석과 가열에 의해 펙틴이 된다.
펙틴	과실이 숙성하면 산소의 작용으로 프로토펙틴이 분해되어 펙틴이 되므로 부드러워진다.	수용성 알코올을 넣고 침전하는데 함유량의 추측이 된다. 당과 유기산의 존재로 젤리를 만든다.
펙트산	과실이 숙성하면 펙티나아제에 의해 펙틴이 분해되어 펙트산이 된다(메톡실기를 지닌 카라그라우론산만 다수 복합체가 된다).	• 물에 불용, 젤리를 만들 수 없다. • 펙틴은 가열에 의해 또는 산에 의해 펙트산이 되므로 장시간 가열은 겔을 약화시킨다.

마멀레이드(marmalade) ●

오렌지나 레몬과 같은 감귤류의 과육과 과피를 설탕에 조려서 만든 쓴맛이 나는 잼 중 하나이다. 원래 '마르멜로'로 만들었기 때문에 '마멀레이드'라고 부른다.

감귤류의 껍질 내측인 흰 부분에 응고제의 기능을 하는 펙틴이 많이 포함되어있으므로, 그것을 껍질에 붙인 채 잘게 썰거나 흰 것만을 떼어내고 거즈에 싸서 과육과 함께 조린다. 흰 부분이 너무 많은 감귤류를 그대로 사용하면 쓴맛이 강해지므로 조금 제거하고 만들어야 풍미가 더 좋다. 마멀레이드 그대로 토스트빵에 발라 먹거나 과자를 만들 때 살구잼으로 구운 반죽, 타르트 등에 바른다.

3. 과일의 종류

과일은 인과류, 준인과류, 핵과류, 장과류, 견과류의 5가지로 분류할 수 있다. 생산지의 기후적 특성에 따라 열대 과일류는 따로 분류하고 있다.

1) 인과류

인과류에는 사과, 배, 비파, 모과 등이 속해 있다. 꽃받침이 발달하고 성장하여 열매를 맺은 것으로 씨방 안에 씨가 있고, 과실의 꼭지와 배꼽이 반대쪽에 있는 것이 특징이다.

(1) 사과

사과apple의 국내 주요 생산지는 안동, 영풍, 의성, 영천, 예산, 상주, 군위, 봉화 등이다. 사과에는 수분 85.8%, 단백질 0.2%, 지방 0.1%, 당질 13.1%, 칼륨이 많이 들어있고 소량의 비타민도 포함되어 있다. 원산지는 코카서스 지방으로부터 서아시아에 이르는 온냉한 지역으로 주요 생산국은 러시아, 중국, 미국, 프랑스, 터키, 이탈리아 등이다.

사과

(2) 배

배pear의 원산지는 중국, 중앙아시아이고 주요 생산국은 중국, 한국, 이탈리아, 미국이다. 배에는 수분이 84~88%나 포함되어있으며 단맛 성분인 당류가 10~14%로, 특히 수분이 많아 갈증 및 숙취 해소, 소화제의 효과가 있다. 또 알부민 성분이 많아 미용효과도 좋다. 과육이 부드럽기 때문에 셔벗, 무스 등에 사용하면 좋고 잼, 주스, 설탕절임, 과자 등에도 잘 어울린다. 치즈와 가장 어울리는 과일 중 하나로 치즈와 같이 샐러드나 치즈케이크의 소스에 사용하기도 한다.

배

(3) 비파

비파loquat의 원산지는 중국에서 일본 서남부에 걸친 따뜻한 지역으로 주로 원생한다. 늦가을부터 초겨울에 개화하여, 5~6월에 수확된다. 비파는 장미과 과일 중에서 드물게 추위에 약한 아열대성 과일이다. 당분은 11%이며, 카로틴을 비교적 많이 함유하고 있다. 과육은 두껍고 즙이 많으며 신맛은 적고 단맛이 강하다. 씨는 행인(살구씨의 속

비파

살)의 대용품으로 이용한다. 과실이 가지 끝에 여러 개씩 모여서 열리고 빛깔은 담황색이며 솜털로 덮여있다.

(4) 모과

모과quince의 원산지는 중국의 화북과 절강성이다. 모과에는 수분이 비교적 적은 74%가 들어있다. 당질은 21%로 많으며 칼슘, 인, 비타민 C가 풍부하다.

모과

2) 준인과류

준인과류에는 감, 귤 등이 속한다. 인과류와 같이 꽃받침보다 씨방이 발달하여 과육으로 된 것이 특징이다. 진과에 속한다.

(1) 건포도

건포도raisin는 제과·제빵에 사용되는 여러 가지 보조 재료 가운데에서 중요한 위치를 차지하고 있다. 소비자에게 지속적인 호응을 받을 수 있는 재료라고 할 수 있다. 포도는 기원전 2,000년경부터 페르시아와 이집트에서 재배되기 시작했으며, 현재 최대 산지인 미국의 캘리포니아 지방에서는 1851년 경부터 시작되었다. 미국의 경우 1873년 이상 기후에 의해 우연하게 만들어져 상품화가 시작되었다.

건포도

① 건포도의 성분　건포도의 성분은 83%의 고체와 13%의 수분으로 되어있다. 당분은 약 70%가 함유되어있으며 그 외에 많은 광물질을 가지고 있어, 영양학적으로 대단히 훌륭한 재료라고 할 수 있다. 건포도의 100g당 평균 열량은 294kcal이다.

② 건포도의 종류　상업적으로 보편화되어있는 제품은 네추럴 건포도^{Natural Thompson Seedless}와 골덴 건포도^{Golden Thompson Seedless}이다. 대부분 미국 캘리포니아 지방에서 나는 연한 색을 가진 톰슨의 씨 없는 포도로부터 생산된다. 같은 종류의 포도를 처리 과정만 달리하여 만드는 것이다. 제품명에서 알 수 있듯 내추럴 건포도는 자연 상태에서 햇빛을 이용하여 건조시켜 만들며, 골덴 건포도는 제품의 황금색을 잃지 않기 위해 약품으로 처리한 후 건조 과정을 거쳐 만든다.

건포도는 여러 가지 이유로 다르게 불리나 크기만으로 레진^{raisins}, 설타나^{sultanas}, 커런트^{currants} 등으로도 나누어볼 수 있다. 크기가 가장 작은 커런트의 경우에는 같은 양의 건포도에 비해 숫자가 많아 시각적인 효과가 매우 크다.

③ 건포도의 전처리　건포도는 자연 상태에서 15.5~17.5%의 수분을 가진다. 건포도에는 약 70%의 당분이 함유되어있어서 수분이 많은 환경에 놓이면 강한 삼투압 작용이 발생하여 주위에 있는 수분을 흡수하게 된다. 예를 들어 62~66%의 수분흡수율을 가진 반죽은, 밀가루 자체에 함유되어있는 14% 정도의 수분과 합쳐져 총 76~80%의 수분을 보유한 반죽이 만들어진다. 이 같은 상태에서 건포도를 투입하면 건포도가 수분을 흡수하여 완성된 제품이 30% 미만의 수분을 갖게 되고 제품의 가치가 떨어진다.

건포도를 전처리하는 목적은 수분 함량 보충, 수분성 고형분 손실 방지의 2가지이다.

🧁 첫째, 건포도의 손상 없이 수분 함량을 25~26% 수준으로 높여주어 반죽이나 제품 속질의 수분 손실을 최대한 억제하기 위함이다.

🧁 둘째, 설탕과 같은 수용성 고형분의 손실을 적게 하기 위함이다. 실제로 빵 반죽에 첨가할 경우, 다른 재료에 앞서 무게를 단 후 물로 적셔주고 반죽의 발전이 끝난 후에 투입하면 된다.

겨울철에 차가운 건포도를 전처리할 때는 반드시 18℃ 이상의 물을 확보하며, 전처리에 사용한 물은 즉시 빼지 말고 15~30분 정도 건포도를 담가놓아야 25%의 수분을 보유하게 할 수 있다.

④ 건포도의 저장　건포도의 저장은 온도나 습도에 좌우된다. 일반적으로 실내 온도
　　에서 2~3개월을 저장하는 것이 무난하다. 장기 보관을 위해서는 7℃ 이하의 온
　　도와 45~55% 정도의 습도를 유지해주어야 한다. 최대 18%의 수분을 가지는
　　건포도가 외부의 환경에 의해 수분 보유량이 20~21%가 되면 설탕 성분의 결정
　　화가 이루어져 흰색을 띠게 되므로 외관상 보기가 좋지 않고 건포도가 단단해지
　　는 경향이 있다. 하지만 건포도의 전체적인 질적 변화가 생기는 것은 아니다.

(2) 딸기

딸기strawberry의 원산지는 남아메리카이고, 재배 딸
기의 원산지는 북아메리카이다. 오늘날 온대지방
어디서나 널리 재배되고 있다. 딸기는 장미과의
다년초로 촉성 재배나 억제 재배되며, 일반적으로
1년 내내 시중에 공급된다. 제철은 5~6월이며, 돌
담 딸기는 10월 상순부터 출하된다. 비타민 C 함유
량이 과일 중에서 으뜸이며, 유기산이 0.6~1.5%

딸기

함유되어있다. 딸기를 3~4개 정도(약 70g 정도) 섭취하면 성인 하루 비타민 필요량
을 만족시킬 수 있다. 주성분은 수분 92.2%로 대부분을 차지하며, 당분은 3~7%밖에
없고, 신맛을 내는 성분은 유기산으로 수분에 영향을 준다.

(3) 바나나

바나나banana의 원산지는 말레이시아 등의 동남아
시아와 뉴기니에서 폴리네시아이다. 주요 생산지는
중남미로 세계 생산량의 50%를 차지하며 그다음
으로 인도, 브라질, 필리핀, 타이완, 에콰도르가 있
다. 주요 품종은 Musa acumatine Colla(중남미산),
Musa cavendishii Rox(대만산) 등이다.

바나나

　바나나에는 수분 75%, 단백질 1.1%, 지방 0.1%,
당질 22.6%가 함유되어있다. 과일 중에서 칼로리가 가장 높고 당질이 많은 알칼리성
식품으로 100g당 87kcal의 열량을 지니고 있다. 미숙한 바나나에는 탄수화물이 많이
들어있으며, 성분은 거의 녹말인데 후숙되면 녹말이 당화하여 대부분 과당, 포도당,
설탕 등으로 변한다.

3) 열대과일류

열대과일류에는 파인애플, 아보카도, 망고 등이 있다. 이들은 모두 열대나 아열대 지방에 분포되어있는 과일로 생산 지역의 기후 특성 때문에 실온에 보관해야 한다.

(1) 파인애플

파일애플pineapple, Ananas comosus Merr의 원산지는 열대 아메리카이다. 파인애플은 작은 과실이 여러 개 모여 원형을 이룬 취합과로 당분을 약 14% 함유하고 있는데 이 중 7%는 자당, 3%는 환원당이며, 구연산이 약 0.5%, 비타민 C는 50~60mg%가 들어있다.

파인애플

(2) 아보카도

아보카도avocado, Persea americana의 원산지는 중앙아메리카 및 멕시코로 하와이, 캘리포니아, 중앙아메리카, 남아메리카, 서인도 제도에서 생산되는 중요한 과수이다. 세계 생산량은 160만 톤으로 북중 아메리카 60%, 남아메리카가 30%를 차지하며 멕시코가 25%, 도미니카, 브라질, 미국이 각각 10%를 생산하고 있다.

아보카도

(3) 망고

망고mango, Mangifera indica의 세계 생산량은 1,440만 톤이다. 그중 아시아 지역에서 생산되는 것이 80%이며, 특히 인도가 70%를 차지하고, 브라질이 5%, 파키스탄이 4.7%를 차지하고 있다. 원산지는 열대아시아·말레이시아로 열대 각지에 분포되어있다. 수분 82%, 조단백질 1%, 지방질 0.5~1%, 과당 10~12%, 자당 1%, 주석산 1% 정도를 함유하고 있

망고

다. 그중에서 특히 비타민 A가 4,800 I.U.로 많이 들어있다.

4. 과일 가공품

과일 가공품이란 생과일의 보존성·기호성을 향상시키기 위해 성분 특성을 이용하여 만든 가공품이다. 제과의 재료로 폭넓게 이용되고 있다. 가공품의 종류로는 잼·젤리류, 통조림 제품, 건조제품, 냉동제품, 과실음료의 6가지가 있다.

1) 잼류

잼류는 과실의 과육을 끊여 삶은 조리가공품이다. 잼, 프리저브(슬라이스), 과일버터, 과일소스 등을 총칭하는 단어이다.

2) 젤리류

젤리류는 과즙에 설탕을 넣고 가열, 냉각, 응고시킨 것으로 과일 젤리, 펙틴 젤리, 마멀레이드 젤리 등이 있다.

(1) 과일 젤리

과일 젤리는 하나 또는 여러 종류의 과즙에 설탕을 넣어 만든다. 산미가 부족할 경우에는 유기산을 넣어 응고성과 미각을 조정한다.

(2) 펙틴 젤리

펙틴 젤리는 물, 유기산, 펙틴, 설탕을 적당한 비율로 배합하여 가열·냉각하여 응고시킨 것이다. 착색과 미각 조정을 위해 과즙을 첨가한 것이 있다. 과즙이 들어있는 것을 펙틴 과일 젤리라고 한다.

(3) 마멀레이드 젤리

마멀레이드 젤리는 젤리 반죽 안에 과즙 또는 자른 과일의 과육을 첨가한 것이다. 고형물이 과즙으로 만들어진 젤리 부분과 확실하게 구별된다는 점에서 잼과 다르다.

5. 과일의 사용 목적

과일의 사용 목적은 제품의 풍미, 기호성, 조형성, 씹힘성, 무게 증가의 5가지이다.

1) 제과에 사용

제과에 과일을 사용하는 목적은 여러 가지 제품을 만들고 기호성과 풍미 부여, 조형성 이용, 씹힘성 개선과 무게를 높여주는 것의 5가지이다.

① 잼·젤리류, 통조림, 냉동제품, 과실음료 등 제품을 만든다.
② 제품의 외관적 기호성을 높인다.
③ 제품의 풍미를 부여한다.
④ 제품에 조형성을 이용한다.
⑤ 제품의 씹힙성을 개선하며 무게를 높여준다.

2) 제빵에 사용

제빵에 과일을 사용하는 목적은 가치와 영양 증진, 맛과 시각적 효과 더함, 씹힘성 개선과 무게 증가의 3가지이다.

① 제품의 가치를 높이고 영양을 증진시킨다.
② 맛과 시각적으로 우수함을 높여준다.
③ 제품의 씹힙성을 개선하며 무게를 높여준다.

SECTION 18

견과류

견과류는 단단한 알맹이가 껍질에 둘러싸인 형태를 띤다. 대개 제과·제빵에서 제품의 향과 질을 향상시키기 위해 사용된다. 아몬드, 헤이즐넛, 호두, 땅콩, 개암은 미리 볶아 케이크나 빵 반죽 속에 혼합하거나 굽기 전에 제품 위에 얹어 굽는다. 땅콩, 브라질넛, 마카다미아넛과 같은 열대지방의 견과류들은 아주 드물게 제빵에 사용된다.

1. 견과류의 종류

견과류의 종류는 아몬드, 호두, 밤, 땅콩, 피스타치오, 헤이즐넛, 피칸, 마카다미아넛, 코코넛, 캐슈넛, 브라질넛, 은행, 잣 등이 있다. 가장 많이 사용되는 견과류는 아몬드, 호두, 밤이다. 견과류는 제품의 향과 질을 향상시키는 데 사용된다.

1) 아몬드

아몬드almond의 원산지는 서아시아 지중해 연안이고, 주산지는 그리스 및 북아프리카이다. 아몬드의 종류는 스위트 아몬드와 비타 아몬드의 2가지이며 제과용은 스위트 아몬드, 향료용은 비타 아몬드가 사용된다. 아몬드는 맛에 따라 단맛 아몬드와 쓴맛 아몬드로 분류하며, 단맛 아몬드는 감미가 강하고 좋은 방향을 띠고 쓴맛 아몬드로는 아몬드기름을 만든다.

아몬드

2) 호두

호두walnut의 원산지는 남동 유럽, 중동, 서아시아 등이다. 중국에는 4세기에 전래되었고, 우리나라에는 4세기 말 중국을 통해 전파되었다. 현재 약 300 헥타르가 재배되어 연간 340톤가량이 생산되며 대부분 큰 산맥의 골짜기를 따라 분포되어있다.

호두

　호두의 종류로는 한국 호두, 페르시아 호두, 일본 호두, 미국 호두의 4가지가 있다. 호두는 단백질과 지방질이 많고 특유한 향미가 있어 아이스크림, 제과 등의 원료로 중요하게 사용되고 있다.

3) 밤

밤chestnut의 주산지는 이탈리아, 프랑스, 스페인 등이다. 대개 북반구에 서식하는데, 세계 밤 생산량의 2/3 정도가 여기서 생산된다. 아시아에서는 한국, 중국, 일본 등이 주산지이다.

밤

4) 땅콩

땅콩peanut은 아몬드 대신 이용할 수 있는 견과류이다. 여러 견과류 중에서 가장 산화되기 쉬우므로 보관에 주의해야 한다. 녹인 초콜릿에 섞어 굳히거나 다져서 케이크 장식으로 쓰고, 쿠키 반죽에 섞기도 한다. 향신료와 함께 사용하는 것도 좋다.

땅콩

5) 피스타치오

피스타치오pistachio는 아몬드와 같은 향을 지녔다고 하여 '그린 아몬드'라고도 불린다. 아몬드보다 풍미가 좋지만 값이 비싸므로 포인트 장식으로 이용하거나 아몬드와 병행하여 사용한다.

피스타치오

6) 헤이즐넛

헤이즐넛hazelnut은 아시아, 유럽, 북아메리카에 널리 분포되어있다. 주산지는 터키, 에스파냐, 이탈리아 등 지중해 연안 지역이다. 성분은 지방이 60% 이상이며, 향긋한 맛과 향이 난다. 제과에서는 통째로 혹은 잘게 다져 사용한다. 페이스트로 만들어 크림과 섞거나, 프랄린praline 형태로 아이스크림, 수플레, 무스에 더하면 풍미를 높일 수 있다.

헤이즐넛

7) 피칸

피칸pecan은 호두나무과 카라야Caraya속 식물의 총칭이다. 피칸의 성분은 지방이 70%, 단백질이 12%로 호두와 비슷하지만 호두보다 더 달고 고소하며 영양가가 높아 각종 과자와 식용유의 원료가 될 뿐 아니라 생식용으로도 널리 쓰인다.

피칸

8) 마카다미아넛

마카다미아넛macadamia nut은 하와이에서 대규모로 재배되며 호주, 동남아시아에서도 생산된다. 지방이 75%가량 함유되어 제과용으로 사용할 때는 주로 통째로 사용하며, 밀크초콜릿으로 감싼 마카다미아넛 초콜릿이 유명하다.

마카다미아넛

9) 코코넛

코코넛coconut은 열대 야자나무의 열매로, 주산지는
태국, 필리핀, 인도네시아이다. 다량의 지방과 단백
질, 무기질을 함유하고 있다. 과육은 갈아서 설탕과
흰자를 섞어 코코넛 마카롱은 만든다. 또 과육을
얇게 자르거나 갈아서 설탕과 함께 약한 불에 조려
잼을 만들기도 한다. 곱게 간 가루는 살짝 볶아서
사용하면 더욱 맛이 좋다고 알려져 있다.

코코넛

10) 캐슈넛

캐슈넛cashew nut의 주산지는 아프리카로 견과류 중
가장 당도가 높고 씹는 맛이 부드럽다. 누가, 카카
오버터의 원료로 사용하며, 잘게 다지거나 얇게 썰
어서 쿠키, 아이스크림 등에 쓴다. 단맛을 살려 페
이스트로 가공하기도 한다.

캐슈넛

11) 브라질넛

브라질넛Brazil nut의 주산지는 브라질로 코코넛 대
용으로 요리에 사용되거나 초콜릿을 입혀 과자를
만든다.

브라질넛

12) 은행

은행jinkgo nut은 중국이 원산지라고 하나 한국이 원
산지라는 설이 더욱 유력하다. 은행은 수분이 약
55.2%, 주성분인 탄수화물은 약 35.3% 정도이다.
그중에 전분이 많이 포함되어있고, 그다음은 당질
이다. 단백질은 약 5.1% 정도 들어있다.

은행

13) 잣

잣pine nut은 소나무과에 속하는 교목의 열매로, 우리나라를 비롯해 일본, 중국, 시베리아에서 생산된다. 칼로리가 높고, 특히 비타민 B군, 철분이 많이 들어있다. 제과에서는 호두, 땅콩 등과 함께 장식이나 케이크에 사용된다.

잣

2. 견과류의 사용 목적

견과류의 사용 목적은 풍미·맛·식감을 부여하고, 과자의 장식 또는 내용물로 이용하는 것이다.

1) 제과에 사용

견과류를 제과에 사용하면 풍미, 기호성, 조형성, 씹힙성의 4가지를 줄 수 있다.

① 제품에 풍미를 부여한다.
② 제품의 외관적 기호성을 높인다.
③ 제품의 조형성을 이용한다.
④ 제품의 씹힙성을 개선하며 무게를 더해준다.

2) 제빵에 사용

견과류를 제빵에 사용하면 제품의 향과 질 개선, 맛과 시각적 우수함 높임, 제품의 씹힙성 개선과 무게 증가의 3가지를 기대할 수 있다.

① 제품의 향을 높이고 질을 개선한다.
② 영양을 높이고 맛과 시각적으로 우수함을 높여준다.
③ 제품의 씹힙성을 개선하며 무게를 더해준다.

SECTION 19

허브와 스파이스

1. 허브

허브herb는 풍미가 있거나 향이 나는 식물로 인간은 풀과 열매를 식량이나 치료 약 등에 다양하게 이용해왔다. 꽃과 종자, 줄기, 잎, 뿌리 등이 약, 요리, 향료, 살균, 살충 등에 사용되는 인간에게 유용한 초본 식물이다.

허브의 역사는 지중해 연안지역 문명의 시초까지 거슬러 올라갈 수 있는 아주 오래된 역사를 가지고 있다. 지중해와 서남아시아를 주원산지로 하는 허브는 중동, 터키, 이집트, 그리스, 로마 등의 지역에서는 옛날부터 허브가 이용되어왔다.

1) 허브의 종류와 특성

허브의 종류는 약 2,500종 이상이며 관상, 약용, 미용, 요리, 염료 등에 다양하게 활용된다. 기본적으로 생육이 매우 강하여 어느 곳에서나 무리 없이 잘 자라지만 대부분 양지바른 곳을 좋아하며 통풍과 보습성·배수성이 양호하고 유기질이 많은 토양에서 더 잘 자란다.

허브의 종류는 크레송, 차이브, 코리앤더, 잇꽃, 멜로, 레몬그라스, 파스닙, 페니로열, 딜, 캐러웨이, 오레가노, 세이지, 타라곤, 처빌, 아니스, 레몬밤, 펜넬, 소렐, 민트, 타임, 호스래디시, 로즈메리, 월계수잎, 마조람, 세이보리, 안젤리카, 스위트바질, 라벤더, 보리지, 아티초크, 자스민, 파슬리, 스테비아의 33가지가 대표적이다.

(1) 크레송

크레송cresson, water cress의 원산지는 유럽 중부에서
남부이다. 주로 잎을 이용한다.

크레송

(2) 차이브

차이브chive 원산지는 유럽에서 시베리아에 걸쳐 분
포되어있으며 주로 잎, 뿌리가 이용된다. 가니시,
샐러드, 크림치즈, 오트밀에 사용된다.

차이브

(3) 코리앤더

코리앤더coriander의 원산지는 남유럽, 시리아 지중
해 연안이다. 미나리과에 속하는 일년초이다.

코리앤더

(4) 잇꽃

잇꽃safflower의 원산지는 이집트, 에티오피아, 아프
리카, 중앙아시아 등이며 주로 꽃과 씨를 이용한다.

잇꽃

(5) 멜로

멜로mallow의 원산지는 유럽 동부이며 주로 잎과 꽃, 뿌리를 사용한다.

멜로

(6) 레몬그라스

레몬그라스lemon grass의 원산지는 인도, 아시아, 아프리카, 중남미의 열대이며 주로 잎을 사용한다. 수프, 소스 등에 넣거나 생선요리, 닭이나 조류의 요리에 이용한다.

레몬그라스

(7) 파스닙

파스닙parsnip의 원산지는 유럽, 미국, 중남미, 호주, 뉴질랜드 등이다. 주로 뿌리를 사용하며 스튜, 튀김 요리에 이용한다.

파스닙

(8) 페니로열

페니로열pennyroyal의 원산지는 지중해 연안, 서아시아이며 주로 뿌리를 사용한다. 푸딩을 만드는 데 사용되기 때문에 푸딩 그라스pudding grass라는 별명이 붙었다.

페니로열

(9) 딜

딜dill의 원산지는 지중해 연안, 인도, 아프리카 북부, 유럽이다. 주로 열매, 잎, 줄기, 꽃을 사용한다. 닭, 양, 생선, 채소요리에 이용하며 특히 피클에서 빼놓을 수 없다. 잎은 연어salmon의 마리네이드, 감자, 오이샐러드에 이용한다.

딜

(10) 캐러웨이

캐러웨이caraway의 원산지는 서부 아시아, 유럽, 아프리카 북부이다. 주로 씨, 뿌리, 잎을 사용한다. 잎은 샐러드에 이용하고 씨는 호밀빵, 쿠키, 김치, 돼지고기, 양배추요리(독일), 치즈, 감자, 스튜, 수프, 캔디, 케이크 등 여러 가지 치즈 요리에 이용(미국)한다.

캐러웨이

(11) 오레가노

오레가노oregano의 원산지는 남유럽부터 서아시아, 멕시코, 이탈리아, 미국이다. 주로 잎과 꽃을 사용한다. 멕시코 요리, 이태리 요리, 스튜, 오믈렛, 칠리 파우더, 토마토소스, 피자파이, 치즈, 육류, 생선, 채소 등에 폭넓게 이용한다.

오레가노

(12) 세이지

세이지sage의 원산지는 지중해 연안, 유럽 남부이며 주로 잎을 사용한다. 크림수프, 콩소메, 스튜, 햄버거, 햄, 송아지, 돼지고기, 소시지, 스터핑stuffing, 가금류, 토마토, 콩류에 사용한다.

세이지

(13) 타라곤

타라곤tarragon의 원산지는 남유럽이며 주로 잎, 지
엽을 사용한다. 주로 프랑스의 여러 소스에 쓰인다.
피클, 타라곤비네거, 닭, 구운 요리, 소스, 수프, 샐
러드에 주로 사용하고 식초나 겨자제품의 방향제
로 이용한다.

타라곤

(14) 처빌

처빌chervil의 원산지는 러시아 남부, 서아시아, 코카
서스이며 주로 잎이 사용된다. 신선한 것은 수프나
샐러드에 이용되고 건조시킨 처빌은 소스의 양념
과 양고기에 이용된다. 샐러드salad의 재료로 권장
된 재배 역사가 오래된 식물이다.

처빌

(15) 아니스

아니스anise의 원산지는 지중해 연안이며 주로 씨,
어린잎이 사용된다.

아니스

(16) 레몬밤

레몬밤lemon balm의 원산지는 지중해 연안, 남유럽
이며 주로 잎이 사용된다. 냉음료, 과자, 젤리, 셔
벗, 요구르트, 생크림을 쓴 과일펀치, 드레싱이나
마요네즈 소스 등에 넣으면 좋다.

레몬밤

(17) 펜넬

펜넬fennel의 원산지는 지중해 연안, 유럽이며 주로
씨, 잎, 줄기, 꽃을 사용한다. 소스, 빵, 카레, 피클,
진, 포도주 등의 부향제, 생선의 비린내, 육류의 느
끼함과 누린내를 없애고 맛을 돋운다.

펜넬

(18) 소렐

소렐sorrel의 원산지는 유럽, 아시아이며 주로 잎, 줄
기를 사용한다. 이것은 채소로 많이 이용되며 생으
로 샐러드에 쓰이며 시금치와 비슷하게 퓨레puree로
도 이용된다.

소렐

(19) 민트

민트mint의 원산지는 세계 각지이며 주로 잎을 이
용한다.

① 페퍼민트　양, 소 등의 고기요리에 첨가하는
　민트소스, 통조림, 감자, 빈스의 채소요리, 디
　저트, 음료 등에 이용한다.
② 스피어민트　요리의 부향제로 가장 많이 쓰이
　고 육류, 생선, 채소, 양고기, 과일 샐러드 등
　에 이용한다.

페퍼민트와 민트로 만든 차

③ 애플민트　고기, 생선, 계란요리의 향료나 소스, 젤리, 비네거 등에 쓰인다. 양고
　기, 채소, 과일, 수프, 소스, 아이스크림 등에 사용한다.

(20) 타임

타임^{thyme}의 원산지는 지중해 연안, 남유럽, 스페인, 미국, 체코슬로바키아이며 주로 포기 전체(잎, 꽃)를 사용한다. 서양요리에 없어서는 안 될 대표적인 향미료 중 하나로 채소수프, 토마토샐러드, 토마토케첩, 피클 같은 저장식품에 보존제로 쓰이며 수프, 스튜, 셀러리 등에 흔히 이용된다.

타임

(21) 호스래디시

호스래디시^{horseradish}의 원산지는 유럽 동남부이며 주로 뿌리를 사용한다. 신선한 호스래디시는 강판에 갈아서 소스와 생선·고기요리에 쓰이며 날것과 건조된 형태로 구입할 수 있다.

호스래디시

(22) 로즈메리

로즈메리^{rosemary}의 원산지는 지중해 연안이며 주로 잎을 사용한다. 라벤더와 함께 여성에게 가장 인기 있는 허브이다.

로즈메리

(23) 월계수잎

월계수잎^{laurel, bay leaf}의 원산지는 지중해 연안, 남부유럽이며 주로 잎, 열매를 사용한다. 생잎은 약간 쓴맛이 나지만 건조시킨 잎은 달고 강한 독특한 향기가 나서 서양요리에 필수일 만큼 널리 쓰인다. 소스, 소시지, 피클, 수프 등의 부향제로 쓰이고 생선, 육류, 조개류 등의 요리에 많이 이용한다.

월계수잎

(24) 마조람

마조람marjoram의 원산지는 지중해 연안, 인도, 아라비아이며 주로 잎을 사용한다. 그리스·로마 시대부터 잘 알려진 마조람은 행복의 상징으로 여겨지기도 한다. 소시지, 소스, 스튜 등의 맛을 내는 데 쓰였으며 오늘날에는 파이, 닭, 돼지, 생선, 달팽이, 감자수프, 간요리, 토끼요리, 햄, 조개, 채소 등 모든 요리에 쓰인다.

마조람

(25) 세이보리

세이보리savory는 꿀풀과에 속하며 작은 별 모양의 꽃이 핀다. 다년생 윈터 세이보리와 일년생 서머 세이보리summer savory가 있는데 윈터 세이보리의 향이 더 강하다.

세이보리

(26) 안젤리카

안젤리카angelica는 유럽 북부가 원산지이며 2m까지 성장하는 미나리과의 다년초이다.

안젤리카

(27) 스위트바질

스위트바질sweet basil은 인도가 원산지로 향기와 풍미가 독특하다. 주로 줄기와 잎을 이용한다.

스위트바질

(28) 라벤더

라벤더lavender는 지중해 연안이 원산지이다. 방향유 성분이 잎과 꽃 표면을 빛나게 하여 관상용으로 인기가 좋다.

라벤더

(29) 보리지

보리지borage는 지중해 연안이 원산지이며 지치과에 속하며 비교적 재배가 쉬운 일·이년초이다.

보리지

(30) 아티초크

아티초크artichoke는 중세에 간장이나 위장의 기능을 높이는 약초로 소중하게 키워졌다. 봉오리를 싸고 있는 다육질 꽃받침이나 꽃심을 삶아 그대로 먹는다.

아티초크

(31) 자스민

자스민common white jasmine은 인도, 아프가니스탄, 이란 등에 자생하며 향기의 여왕이라 불릴 정도로 향기가 좋다. 음료나 디저트에 향을 내거나 장식하면 좋다.

자스민

(32) 파슬리

파슬리parsley는 지중해 연안이 원산지로 고대 그리스·로마 시대부터 약용과 식용으로 이용되어왔다. 버터, 치킨, 수프 등과 잘 어울린다.

파슬리

(33) 스테비아

스테비아stevia는 원산지는 남미의 파라과이, 브라질, 아르헨티나이다. 설탕의 200~300배의 당도를 내며, 스테비오사이드라는 성분을 가지고 있다. 최근에는 다이어트 식품의 감미료로 이용되고 있다. 아이스크림, 주스류, 콜라 등에 이용된다.

스테비아

2) 허브의 효과와 보관

(1) 허브의 효과

모든 허브는 의학용과 요리용의 2가지 목적으로 많이 사용된다. 대부분 식물성으로 천연의 맛을 내는 데 사용하며, 향기와 맛이 독특하다. 허브의 쓰임새는 나라별로 전통에 따라 다르게 사용된다.

허브는 단순한 소화 흡수를 돕고 피로 회복, 안면, 지정 등 스트레스 해소뿐 아니라 방부, 향균 작용, 산화 방지, 노화 방지, 미용 등 다양한 효과가 있어 주목받고 있다.

(2) 허브의 보관

① 향료와 양념을 구입하는 경우, 적당한 상태에서 저장하더라도 맛을 잃어버리는 경우가 많으므로 적은 양을 구입한다.

② 직사광선을 피하며 통풍이 잘되고 건조하고 서늘한 장소에 저장하는 것이 가장 좋다.

③ 가공된 양념은 밀폐된 용기 속에 보관하는 것이 좋다.

④ 향료는 완전히 가공되지 않은 것을 구입해야 하며 색과 맛, 향기가 가장 중요한 요소이다.

⑤ 향료는 적은 양을 손바닥으로 문질러 보아 신선하고 냄새가 강한 것을 고른다.

3) 허브의 사용 목적

허브의 사용 목적은 향기 부여, 냄새 제거, 색 추가, 방부제 효과의 4가지이다.

(1) 제과에 사용

허브를 제과에 사용하는 목적은 시각적인 효과와 향, 맛 개선 효과, 노화 방지 및 향균 작용, 소화와 피로 회복의 4가지이다.

① 제품의 시각적인 효과와 향을 높인다.
② 제품의 맛을 개선하는 효과를 높여준다.
③ 제품의 산화 방지, 노화 방지, 향균 작용의 역할을 한다.
④ 소화와 피로 회복 기능을 부여한다.

(2) 제빵에 사용

허브를 제빵에 사용하는 목적은 향과 맛의 개선, 시각적 효과, 산화 방지 및 향균 작용, 소화와 피로 회복의 4가지이다.

① 제품의 향을 높이고 맛을 낸다.
② 제품의 시각적 효과를 높여준다.
③ 제품의 산화 방지, 노화 방지, 향균 작용의 역할을 한다.
④ 소화와 피로 회복 기능을 부여한다.

2. 스파이스

스파이스spices는 식품의 제조·조리 등에 있어 식품에 향미를 부여하기 위하여 쓰이는 방향성과 자극성을 지닌 식물 또는 채소를 말한다. 보통 향신료로 줄기, 꽃, 과실, 종자, 과피, 뿌리 부분이 이용된다. 이것을 건조시켜 그대로 사용하거나 또는 분쇄하여 분말로 사용한다.

1) 스파이스의 작용 효과

스파이스(향신료)는 식물의 몸체에 들어있는 휘발성 기름과 과일 기름에서 나오며, 매운맛을 가진 것과 방향성을 지닌 것 등이 있다.

2) 스파이스의 종류

스파이스의 종류는 크게 매운맛 스파이스, 방향성 스파이스, 착색성 스파이스의 3가지로 구분할 수 있다. 스파이스는 사용 방법이 다양하며 요리의 주재료가 아니라 세계 각지의 여러 식재료에 첨가되거나 조리의 맛 부여, 풍미 부여 등에 사용된다.

(1) 매운맛 스파이스

매운맛 스파이스에는 계피, 올스파이스, 생강의 3가지가 있다. 1만분의 5~25 정도를 사용한다.

① 계피　계피는 열대성 상록수의 나무껍질로 만든 향신료로 일반적으로 인도의 실론에서 생산되는 것을 시나몬cinamon이라고 하고 중국 계열의 것은 카시아라고 한다. 분말 형태로 케이크, 쿠키, 초콜릿, 크림과자 등의 과자류와 파이 등의 빵류에 사용된다.

계피

② 올스파이스　올스파이스allspice란 올스파이스 나무의 열매를 채 익기 전에 따서 말린 것으로, '자메이카 후추'라고도 한다. 빵과 케이크에 가장 많이 쓰이는 향신료로 향이 계피, 육두구, 정향 등을 합한 것과 비슷하다. 과일 케이크, 단맛이 강한 케이크, 비스킷, 파이, 햄, 카레 등에 가루로 사용된다. 장시간 넣고 끓일 수 있는 경우에는 그대로 사용한다.

올스파이스

③ 생강　생강ginger은 서아프리카, 인도, 중국, 일본 등에서 재배되는 다년초의 다육질 뿌리로부터 얻는 향신료이다. 매운맛과 특유의 방향을 가지며 셔벗, 빵, 비스킷, 케이크 반죽에 섞어 쓴다.

생강

(2) 방향성 스파이스

방향성 스파이스로는 바닐라, 카다몸, 너트메그, 정향, 메이스, 캐러웨이, 아니스, 코리앤더 등이 있다. 사용량은 제품 종류에 따라 많거나 적다. 어떤 제품을 만드는지에 따라 적당한 양을 사용해야 한다.

① 바닐라 바닐라^{vanilla}의 원산지는 남동 멕시코에서 남아메리카의 열대지방이다. 제과에서 가장 광범위하게 사용되는 향신료이다. 과실(바닐라빈)을 발효시켜서 추출한 액을 알코올로 희석한 것이 바닐라 에센스로 아이스크림, 쿠키, 케이크 등의 향기를 내는 데 이용된다. 바닐라오일은 반죽형 케이크 등의 구이 제품

바닐라

에 이용된다. 발효한 후의 과실은 분말로 이용되며, 이를 설탕과 섞은 바닐라 슈거는 스위트초콜릿을 만드는 데 꼭 필요한 재료이다.

② 카다몸 카다몸^{cardamom}은 생강과 다년초 열매로부터 얻는 향신료이다. 열매 속의 조그만 씨를 가루로 빻아 네덜란드풍의 빵류나 포도 젤리에 사용한다. 푸딩, 케이크, 페이스트리를 만드는 데 이용되며 커피향과 특히 잘 어울린다.

카다몸

③ 너트메그 너트메그^{nutmeg}는 육두구과 교목의 열매를 건조시킨 것으로, 한 개의 종자에서 두 종류의 향신료, 즉 너트메그와 메이스를 얻을 수 있다. 메이스 쪽이 쓴맛이 적게 나고 값도 비싸다. 애플파이, 밀크 푸딩, 수플레, 크림류에 이용한다.

너트메그

④ 정향 정향^{clove}은 정향나무의 꽃봉오리를 따서 말린 것이다. 박하와 같은 맛이 나고 단맛의 방향이 있어 그대로 사용하거나 곱게 빻아 각종 반죽과 단맛이 강한 크림, 소스 등에 섞어 쓴다.

정향

⑤ 메이스   메이스mace는 방향성이 높으며 빵,
파운드케이크, 페이스트리에 사용한다. 소시
지, 햄버거, 생선구이를 만들 때 잡냄새를 제
거해준다.

메이스

(3) 착색성 스파이스

착색성 스파이스에는 파프리카, 튜머릭 등이 있다. 향신 성분과 함께 색채감을 부여함
으로써 식품의 가치를 증진시켜준다.

3) 스파이스의 사용 목적

스파이스의 사용 목적은 향기 부여, 냄새 제거, 매운맛 부여, 색 추가, 방부제 효과 등이다.

(1) 제과에 사용

스파이스를 제과에 사용하는 목적은 향기 부여, 냄새 제거, 매운맛을 냄, 색을 냄, 방
부 효과의 5가지이다.

① 향기 부여   식욕을 불러일으키는 좋은 향기를 부여한다.
② 냄새 제거   육류나 생선의 냄새를 완화시키거나 맛있는 냄새로 바꾼다.
③ 매운맛을 냄   매운맛과 향기로 혀나 코, 위장에 자극을 주어 타액이나 소화액의
분비를 촉진하며 식욕을 촉진시킨다.
④ 색을 냄   요리나 제과·제빵에 식욕을 일으키는 맛있는 색을 부여한다.
⑤ 방부 효과   부패균의 증식이나 병원균의 발생을 억제한다.

(2) 제빵에 사용

스파이스를 제빵에 사용하는 목적은 주재료의 냄새 억제, 풍미 향상, 제품 보존성 향
상, 방부 효과의 4가지이다.

① 주재료의 냄새 억제   밀가루의 냄새를 억제한다.
② 풍미 향상   빵의 풍미를 향상시킨다.
③ 제품 보존성 향상   빵 제품의 보존성을 향상시킨다.
④ 방부 효과   빵의 방부 효과를 낸다.

기호식품

기호식품은 식품의 맛과 향기를 즐기기 위하여 먹는다. 종류로는 음료, 과자, 조미식품의 3가지가 있다.

기호음료는 크게 알코올성 음료와 비알코올성 음료의 2가지로 나누어진다. 알코올성 음료의 종류로는 맥주, 소주, 포도주, 탁주, 진, 위스키 등이 있다. 비알코올성 음료의 종류로는 커피, 차, 콜라, 사이다, 과일음료, 요구르트, 수정과, 인삼차, 구기자차 등이 있다.

기호과자의 종류로는 한과와 케이크, 쿠키 등이 있으며 조미식품으로는 천연 감미료, 인공감미료, 설탕, 소금 등이 있다.

1. 기호식품의 종류와 특성

기호식품의 종류로는 차, 커피, 카카오, 콜라 등이 있다.

1) 차

차나무는 상록의 관목으로 중국, 일본, 인도 아샘 지역 및 티벳 산맥의 고지가 원산지이다. 차(tea, Thea sinensis L.)는 주나라 시대(B.C. 122~771)에 알려져서 한나라 시대(B.C. 200~A.D. 200)부터 사용되었으며, 당나라 시대에는 단차(團茶)가, 명나라 시대에는 전차(煎茶)가 제조되었다고 알려져 있다. 그 후 인도를 거쳐 여러 나라에 보급되었는데, 현재 차의 주산지도 인도, 파키스탄, 스리랑카, 인도네시아, 중국, 일본 등이다.

(1) 차의 성분

차의 성분은 카페인^{caffein}, 타닌, 단백질, 당, 비타민 A, 비타민 C, 루틴^{rutin} 등이다. 발효 후에는 정유 성분이 향미에 중요한 역할을 한다.

(2) 차의 종류

차는 가공 방법에 따라 홍차^{black tea}, 녹차^{green tea}, 우롱차(烏龍茶)의 3가지로 나눌 수 있다.

2) 커피

커피^{coffee, Coffee spp.}는 열대지방 상록의 관목 열매를 볶아 분쇄한 것을 뜨거운 물에 추출하여 만든 음료이다. 영양가는 없고, 1.1~2.2%가 함유된 카페인의 자극 효과를 지닌 기호식품이다.

커피나무는 에티오피아 원산인 아라비카^{Arabica}종과 콩고 원산인 로부스타^{Robusta}종의 2가지가 있다.

(1) 커피의 성분

커피콩의 주성분은 지방질·단백질·섬유소이고 당분은 포도당과 설탕이다. 무기질은 40~60%가 K이다. 미각 성분인 카페인은 아라비카종에 1.1%, 로부스타종에 약 2%, 인스턴트커피에 3~6%가 포함되어있다. 쓴맛은 카페인에 의해서 나고, 떫은맛은 타닌에 의해서 난다. 향기는 볶음으로써 생성되고, 카페올^{caffeol}(카페인이 변화된 것으로 커피향을 가진 유상물)·길초산(吉草酸)·에스테르류·아세톤류·페놀류 등이 함유되어있다.

(2) 커피의 종류

커피의 종류는 대부분 아라비카종이며, 산지명과 품종명을 사용한다. 커피의 생산국을 크게 나누면 중남미군과 아프리카군의 2가지로 나눌 수 있지만, 세계 총 생산량의 80%를 라틴아메리카에서 생산한다. 그중에서도 브라질이 50%를 차지한다. 브라질 커피, 콜롬비아 커피, 엘살바도르 커피, 과테말라 커피, 자메이카 커피, 에티오피아 커피, 인도네시아 커피, 하와이 커피의 8가지가 있다.

① 브라질 커피 소형 원두에 빨간 줄무늬가 있으며 순한 맛이 난다. 산토스, 미나스, 리오, 빅토리아 등이 유명하다.

② 콜롬비아 커피 브라질 다음으로 많이 생산된다. 원두가 크고 균일하여 추출 수율이 브라질 커피보다 높다.

③ 엘살바도르 커피 생산의 적지이다. 원두가 고르고 아름다운 녹색을 띠며 감미도 풍부하다.

④ 과테말라 커피 고산 지대의 아라비카종과 저지대의 부르봉종이 있다. 산미가 강하고 향이 좋다.

⑤ 자메이카 커피 자마이카 섬 전체가 1,000~2,500m의 고지대인 블루마운틴이라 하여 담청색, 단맛과 신맛, 쓴맛으로 조화를 이룬 이름난 제품이다.

⑥ 에티오피아 커피 모카는 단맛, 신맛, 특유향을 내며, 배합용으로도 사용한다. 탄자니아의 킬리만자로에서 생산되는 커피는 신맛이 대단히 강하고 향기가 높고 스트레이트용으로 쓰인다.

⑦ 인도네시아 커피 자바로부스타 커피로 상쾌하고 쓴맛이 약간 있으며 주로 배합용으로 쓰이고, 역시 인도네시아의 만델링 커피는 원두가 크고 황색 또는 갈색이며, 신맛과 쓴맛이 적당히 들어있다.

⑧ 하와이 커피 대표적인 하와이 커피인 코나kona는 원두가 크며 강한 신맛이 난다. 대개 스트레이트로 사용되지만, 배합용으로도 쓰인다.

(3) 커피의 맛

각종 커피의 맛을 미각별로 살펴보면 크게 신맛, 쓴맛, 단맛의 3가지로 구분할 수 있다.

① 신맛을 내는 커피 모카, 킬리만자로, 콜롬비아, 과테말라, 코스타리카, 살바도르, 하와이 코나, 멕시코, 케냐의 9가지가 있다.

② 쓴맛을 내는 커피 만델링, 자바, 콩고, 우간다, 마이소르의 5가지가 있다.

③ 단맛을 내는 커피 블루마운틴, 멕시코 커피의 2가지가 있다.

(4) 커피콩의 가공

커피콩을 가공 방법별로 살펴보면 원두커피, 분쇄커피, 인스턴트커피의 3가지가 있다.

① 원두커피 대부분의 유럽인들이 바로 이 볶은 커피를 이용한다.

② 분쇄커피 원두콩을 분쇄한 것으로 레귤러 커피라고도 한다.

③ 인스턴트(가용성)커피 제2차 세계대전 이후 대대적으로 보급되었다. 볶아서 분쇄한 커피에 177℃의 뜨거운 물로 6~7회 추출하여 분무 건조한 것이다.

3) 카카오

카카오cocoa tree, cacao, Theboroma cacao L.는 열대 아메리카가 원산지로 벽오동과에 속하는 목본식물이다. 기후 조건에 예민하여 장기간 수분을 요하고 부식토가 많은 부드러운 토양에서 잘 자라며 저지대에서 키우기에 적합하다. 기온은 21~32℃의 온화한 온도와 178cm의 강우량이 요구된다.

세계 총생산량은 510만 톤으로 서아프리카가 60%, 아메리카가 30%를 차지하며, 아이보리코스트 24%, 브라질 22%, 가나 16.5%, 나이지리아 10%, 에콰도르 5%, 카메룬이 7%를 차지하고 있다.

발효 과정에서 향기 성분이 생성되며, 이것을 건조하여 시판한다. 코코아의 지방 함량이 19% 이상인 것은 음료용으로 쓰이는데, 대개 천연 코코아나 약간의 알칼리 처리한 것을 사용한다.

4) 콜라

콜라cola, Erythroxylon coca Lam. 및 Erythroxylaceae의 다른 품종들는 남아프리카, 서인도제도, 서아프리카 등 열대 상록의 교목으로 지름은 15~20m에 달하며, 야생에서 재배한다. 의약용으로 쓰이는 코카인의 원료 및 코카인을 제거하여 콜라형의 탄산음료나 다른 제품의 향미료로 쓰인다. 아이스크림, 청량음료에 첨가하고 향료는 잎의 정유 성분이 들어있다. 잎 및 종실 추출액에 계피유, 레몬유, 오렌지유, 바닐라 등의 향신료와 정유를 가하여 향미를 복잡하게 한 것을 베이스로 사용한 탄산음료에 캐러멜 등으로 착색한 콜라 음료가 시판되고 있다.

2. 기호식품의 사용 목적

기호식품의 사용 목적은 식품의 향과 맛을 증가시키고 부가가치를 높이는 것의 3가지이다.

1) 제과에 사용

기호식품을 제과에 사용하는 목적은 향의 부여, 맛을 냄, 자극성을 냄, 색깔을 냄, 기호음료의 방부 작용, 기호음료의 기호성, 조미음료 조미성 향상의 7가지이다.

① 향을 부여　식욕을 불러일으키는 좋은 향을 준다.
② 맛을 냄　재료의 냄새를 완화시키거나 맛있게 바꾼다.
③ 자극성을 냄　자극적인 맛, 향기로 위장에 자극을 주어 소화와 식욕을 촉진한다.
④ 색깔을 냄　제과, 제빵, 요리 등에 첨가하여 맛있는 색을 부여한다.
⑤ 기호음료의 방부 작용　기호음료는 방부 작용이 있으며 알콜성 음료는 자극, 방부 작용이 있다.
⑥ 기호음료의 기호성　기호성이 있는 과자, 케이크, 한과를 만든다.
⑦ 조미음료의 조미성　조미식품은 천연감미료, 인공감미료, 설탕, 소금이 사용된다.

2) 제빵에 사용

기호식품을 제빵에 사용하면 맛과 색깔, 향을 내고 방부 작용과 기호 및 조미성을 추가할 수 있다.

① 맛을 냄　기호식품의 맛을 낸다.
② 색깔을 냄　제품의 색깔을 낸다.
③ 향 부여　제품의 향을 내게 해준다.
④ 방부 작용　제품에 방부 작용을 더한다.
⑤ 기호와 조미성 추가　기호적인 가치와 조미성을 추가해준다.

REFERENCE

金尙淳 외. 食品學. 수학사, 1995.

金榮敎. 牛乳와 乳製品의 料學. 선진문화사, 1996.

金炯基 외. 最新 畜産食品加功學. 세진사, 1998.

김달래. 체질에 따라 약이 되는 음식 224. 경향신문사, 1997.

김대곤 외. 최신 식품학. 삼광출판사, 1999.

대한영양사회. 국산 수산물과 수입 수산물 이렇게 다릅니다. 1997.

두산세계대백과 EnCyber

신길만. 전통 일본과자. 형설출판사, 2000.

신길만, 정진우. 제과제빵기능사. 백산출판사, 1998.

신길만. 제과실무론. 지구문화사, 1998.

신길만. 제과학의 이해. 지구문화사, 2002.

신길만. 제빵이론 실기. 신광출판사, 1998.

심상용. 藥用飮食物百選. 보건신문사, 1997.

안덕균. 원색한국본초도감. 교학사, 1998.

양철영, 고명수. 축산식품이용학. 형설출판사, 1998.

윤숙경. 우리말 조리사전. 신광출판사, 1996.

이광석, 제과제빵론. 양서원, 2000.

이형우 외. 제과제빵의 기술론. 지구문화사, 1997.

이혜양, 이재룡. 제과제빵기술. 지구문화사, 2000.

장상원. 빵·과자백과사전. 민문사, 1992.

정영도 외. 식품조리 재료학. 지구문화사, 2000.

조후종 외. 식품이 약이 되는 증언들. 효일문화사, 1998.

한국조리연구회. Herb and Salad. 형설출판사, 1997.

한명규. 최신 식품학. 형설출판사, 1996.

http://www.cooko.co.kr/menu4/gunghab/gok-che.htm

http://www.cyberpig.co.kr

http://home.hanmir.com/~hiroky/nammi.html

http://qncjsla.new21.net/pds4/foodlee/fa81.htm

http://my.netian.com/~agnes33/foodlee/fa81.htm

http://www.pianopia.pe.kr/nutri.htm

http://diet.gagsee.com/cal-table-1.htm

http://user.alpha.co.kr/~youngest/zz/ti10.html

http://user.chollian.net/~yca1425/nutr/n12.htm

http://www.cooko.co.kr/menu4/gunghab/gok-che.htm

http://qncjsla.new21.net/pds4/foodlee/fa91.htm

http://my.netian.com/~78hjay/detail2.htm

http://my.netian.com/~78hjay/cock2-1.htm

http://www.hansalim.co.kr/lecture_center1.html

http://my.netian.com/~ppangjip/grain.html

INDEX

AUTHOR
INTRODUCTION

신길만

경기대학교 대학원 경영학석사, 조선대학교 일반대학원에서 이학박사 학위를 취득하고 일본 동경 빵아카데미, 일본 동경제과학교 본과 양과자과, 일본 제빵연구소(JIB)를 졸업하였다. 초당대학교, 전남도립대학교, 순천대학교, 미국의 캔자스주립대학 연구교수와 일본 동경제과학교 교사를 역임하였다. 그리고 《제과제빵일본어》, 《제빵실습》, 《제과실습》, 《카페베이커리창업론》 등 60여 권의 저서를 집필하였다.
현재 김포대학교 호텔조리과 교수로 재직 중이다. 또 한국조리학회 부회장, 김포시어린이급식관리지원센터의 센터장 등으로 사회활동을 하고 있다.

안종섭

일본 동경제과학교 본과 양과자과 졸업, 일본 제빵연구소(JIB) 졸업, 서울대학교 식품영양산업 최고위과정을 수료하고 경기대학교에 재학 중이다. 자격 사항은 대한민국 산업현장교수, 숙련기술인 취득, 대한민국 제과기능장, 조리기능인을 취득하였으며, 서울 나폴레옹 과자점 공장장, 서울 하이제과자점 공장장, (주)파리크라상 책임연구원을 역임하였으며 JAPAN 제과기술경연대회 대상, 전국호두제품 경연대회 금상, 국제요리경연대회 디저트부분 대상, 은탑산업훈장, 문화체육부 장관상, 여성가족부장관상, 서울특별시장상, 서울대학교 총장상을 수상하였다. 《4인의 파티시에》, 《성심당 케익부띠크》 등 7권의 저서를 집필하였으며 한국제과기술경영연구협의회 기술 부회장, 기능경기대회, 대한제과협회, 국가기술자격검정 심사위원을 역임하였다.
현재 로쏘 (주)성심당 연구소장 및 생산 총괄이사, 대한제과협회 기술이사를 맡고 있다.

신솔

일본 동경에서 출생하여, 미국 캔자스주 맨해튼고등학교(Manhattan High School), 중국 상해 신중고등학교 등에서 수학하였다. 국립순천대학교 영어교육과, 조리교육과를 졸업하고 경희대학원 조리식품외식경영학과를 졸업하여 경영학석사를 취득하였으며, 연구조교로 근무하였다.
현재 KATO카페를 창업하여 경영하고 있다.

BAKING &
CONFECTIONERY
INGREDIENTS SCIENCE

2판 제과·제빵
재료학

2004년 4월 15일 초판 발행
2020년 9월 4일 2판 발행

지은이 신길만·안종섭·신솔
펴낸이 류원식
펴낸곳 교문사
편집팀장 모은영
책임진행 이정화
표지디자인 신나리
본문디자인·편집 디자인이투이

주소 (1088) 경기도 파주시 문발로 116
전화 031-955-6111
팩스 031-955-0955
홈페이지 www.gyomoon.com
E-mail genie@gyomoon.com
등록번호 1960. 10. 28. 제406-2006-000035호
ISBN 978-89-363-2095-9 (93590)
값 18,500원